**공부 잘하는 아이는
체력이 다르다**

공부 잘하는 아이는 체력이 다르다

지은이 이서영
펴낸이 임상진
펴낸곳 (주)넥서스

초판 1쇄 인쇄 2022년 12월 26일
초판 1쇄 발행 2023년 1월 5일

출판신고 1992년 4월 3일 제311-2002-2호
10880 경기도 파주시 지목로 5 (신촌동)
Tel (02)330-5500 Fax (02)330-5555

ISBN 979-11-6683-420-2   03590

www.nexusbook.com

아이 건강을 지키고 두뇌를 깨우는 **초간단 운동법**

공부 잘하는 아이는
체력이 다르다

이서영 지음

넥서스BOOKS

차례

들어가는 말   6

PART 1 초등 공부 체력의 비밀
공부시키기 전 우리 아이의 체력부터 키우자

01 우리 아이의 건강한 공부 그릇 만들기   13

02 우리 아이는 왜 자신감이 없을까요?   17

03 우리 아이 혼자 운동을 배울 수 있을까요?   24

04 게임에 중독된 아이, 어떻게 해야 하나요?   30

05 운동을 하면 공부를 소홀히 하지 않을까요?   38

06 운동하면 집중력이 정말 좋아지나요?   46

07 놀기만 하는 아이들이 공부 잘할 수 있을까요?   49

08 즐기면서 하는 운동이 효과도 좋다   52

09 외부 활동을 하지 않는 게 더 편할까요?   61

PART 2 초등 공부 체력의 골든 타임
시기와 방법에 따라 운동 효과가 달라진다

01 운동은 뇌를 활성화 시킵니다   69

02 운동을 안 하던 아이가 잘 적응할 수 있을까요?   71

03 우리 아이에게 맞는 운동을 어떻게 찾을 수 있을까요?   76

04 운동을 하면 나쁜 걸 배우지는 않나요?   80

05 무기력한 아이, 어떻게 해야 하나요?   86

06 어떻게 하면 아이에게 좋은 습관을 만들어줄 수 있을까요?   100

07 집 안에서는 활발한데 바깥 활동을 꺼려해요   107

08 여자아이한테는 무슨 운동을 시켜야 하나요?   115

09 운동이 인성 교육에 도움이 될까요?   122

10 마음 자세를 단련시키는 운동   127

PART 3 공부 체력을 위한 실전 운동
일상에서 바로 따라 할 수 있는 효과 만점 운동법

• 공부 에너지를 축적하자   133

• STEP 1   준비운동과 마무리운동   136

• STEP 2   체력 관리 운동법   154

• STEP 3   멘탈 관리 운동법   170

• STEP 4   자기 관리 운동법   180

마치며   198

부모는 아이의 건강이 늘 걱정입니다. 밥을 잘 먹어도 키가 안 크면 걱정, 밖에 나가서 또래들에게 치이기라도 하면 그게 또 걱정… 아이가 병치레가 없어도 건강하게 크길 바라는 건 모든 부모의 마음일 듯합니다.

우리 아이 정말 건강할까요?

'건강하다'는 건 어떤 의미일까요? 병이 없고 잘 먹고, 잘 자면 그게 건강한 거라고 생각하는 분도 있을 거예요. 하지만 세계보건기구(WHO)가 설명하는 건강의 개념은 조금 더 광범위합니다. 신체적으로 건강한 것뿐만 아니라 정신적, 사회적으로도 건강해야 완전하다고 말합니다.

주변의 학부모님들을 보면 이미 이 어려운 일을 자녀에게 해주고 있는 분들이 대다수입니다. 아이가 더 잘 크도록 운동도 시키고, 영양도 잘 챙겨줄 뿐 아니라 정서 교육에도 관심을 갖고 아이의 부족한 면을 채워주고 있습니다. 현장에서 보면 정말 우리나라 부모님들의 자녀에 대한 노력은 눈물겨울 정도입니다. 그만큼 헌신과 사랑으로 가득 차 있거든요.

문제는 부모가 충분히 신경을 쓰는데도 항상 부족해 보이는 아이입니다. 열심히 먹이고 입히는데 어딘가 아이가 힘들어 보이고 남들 눈에도 건강하게 보이지 않습니다. 부모도 그 부분을 느끼고 있고 아이 또한 눈치를 보면서 주눅이 들어 있을 때가 많습니다.

이런 경우 건강 결핍이 아니라, 다른 곳에서 문제의 원인을 찾습니다. 건강이 모자란 게 아니라 너무 지나친 케이스, '건강 과잉'입니다. 부모가 너무 많은 것을 아이에게 주려고 할 때가 문제인 거죠.

왜 이런 '건강 과잉' 현상이 나타날까요?

대개는 부모의 불안과 신경과민이 문제입니다. 아이가 충분히 건강하게 자라고 있음에도 불구하고 항상 뭔가 부족할까 봐 전전긍긍하면서 영양을 너무 많이 챙겨주는 거예요. 이렇게 필요 이상으로 아이의 건강을 챙기면 아이는 당연히 어느 한계를 넘어서 힘들게 됩니다.

'건강을 챙기는 게 너무 과해도 문제다'라고 하면 많은 분들이 깜짝 놀랍니다. '아니, 건강에도 과잉이 있느냐'고 되묻곤 하죠. 그런데 분명하게 말씀드리지만 건강에도 과잉이 있습니다.

비만의 원인은 '영양 과잉'

초등학생 아이들은 필요한 만큼만 먹여야 합니다. 그 이상 과도하게 먹이면 영양 과잉이 되고, 이는 곧 비만으로 이어집니다. 간혹 체구에 비해서 아이가 평균 체중을 초과하거나 살이 과도하게 찐 경우가 있는데, 이는 아이가 먹는 걸 절제하지 못해서인 경우보다 부모가 지나치게 영양을 공급해서인 경우가 많습니다.

영양뿐 아니라 운동도 마찬가지입니다. 운동을 너무 안 하는 것도 문제지만 운동을 너무나도 많이 하는 '운동 과잉'은 아이를 힘들게 할 뿐더러, 신체 성장을 오히려 방해할 수 있습니다. 부모 눈에는 아이의 모든 것이 늘 부족해 보입니다. 그만큼 더 채워주려고 합니다. 하지만 내 아이에게 적절한 운동과 적절한 영양, 그리고 적절한 휴식의 조화로 움이 유지되고 있는지를 항상 확인해봐야 합니다. '부족하지도, 넘치지도 않게' 채워주는 것은 어렵지만 중요한 부분입니다.

제가 어릴 때는 영양이 부족해서 문제가 된 아이들이 많았습니다. 하지만 요즘은 영양이 부족한 경우보다는 반대의 경우, 즉 영양이 지나치게 공급되어서 문제가 되는 경우가 더 많습니다. 특히 요즘에는 한 자녀 가정이 흔한데, 부모의 지극한 사랑이 영양 과잉이나 운동 과잉으로 이어지는 사례를 자주 접하게 되어서 안타깝습니다.

"우리 애가 운동 과잉이라고요? 말도 안 돼요."

운동 과잉처럼 보이는 아이의 엄마에게 조심스럽게 이를 언급하면 대개는 같은 반응을 보입니다. 세상의 어떤 부모도 자녀 건강을 챙기는 마음이 과하다고 생각하지는 않기 때문입니다. 특히 부모 스스로 '나는 사랑이 많다'고 느끼는 경우, 아이들이 영양 과잉이나 운동 과잉일 가능성이 더 높습니다.

"다른 엄마들도 이 정도는 하지 않나요?"

영양 과잉이나 운동 과잉을 인정하고 나서는 이런 반응이 돌아옵니다. 그럴 때마다 저는 이렇게 되묻습니다. "왜 내 아이를 다른 아이와 자꾸 비교하느냐"고요.

아이들은 저마다 환경과 기질, 성장 조건이 모두 다릅니다. 저 역시 세 아이의 엄마지만, 아이들 각자의 신체 조건이 다르고 기질과 성향

모두가 다르다는 걸 느끼고 놀랄 때가 있습니다. 첫째는 아토피로 고생한 반면, 둘째는 피부 트러블이 단 한 번도 없어서 속으로 '체질도 이렇게 다르구나' 하고 생각했거든요.

제 아이들뿐만 아니라 제가 체육관에서 만난 모든 아이들이 그렇습니다. 매일 100명 이상의 아이들을 만나지만 똑같은 아이는 단 한 명도 없어요. 심지어는 몇 분 차이로 태어난 쌍둥이도 그렇고, 사 남매, 오 남매 아이들도 모두 다릅니다.

그래서 저는 항상 학부모님들에게 이렇게 말합니다. 아이를 정말 건강하게 키우고 싶다면, 아이에게 너무 많은 걸 쏟아붓지 마시라고요. 운동으로 아이의 몸을 키워주면서 아이가 스스로 신체적, 정신적, 정서적으로 자랄 수 있는 토대를 만들어주는 것이 중요합니다.

아이의 균형 잡힌 성장을 위해서 가장 중요한 세 가지 요소가 있습니다. 바로 영양과 수면, 그리고 운동입니다. 성장기(특히 초등학생) 아이들에게 이를 적절히 공급해주는 것이야말로 건강한 몸과 마음을 다지는 기초라고 할 수 있습니다.

이 책에서는 학부모님들이 내 아이를 건강하고, 공부 잘하는 아이로 만들기 위해 체력 관리를 어떻게 해줘야 하는지 중점적으로 알려드리고자 합니다. 공부 머리만큼이나 중요한 공부 체력. 이 책을 통해 아이들의 체력 관리에도 관심을 갖는 분들이 더 많아지기를 소원합니다.

이 서 영

PART 1

초등 공부 체력의
비밀

공부시키기 전 우리 아이의
체력부터 키우자

01 우리아이의 건강한 공부 그릇 만들기

"운동을 왜 하나요?"

제가 학부모님들에게 많이 드리는 질문입니다. 운동을 단지 몸의 근육을 만들거나 아이들 키를 키우기 위해 하는 것으로 알고 있는 분들이 많습니다. 요즘도 체육관 상담을 하면 "아이가 키가 크지 않아서 운동을 시키려고요" 하는 말을 가끔 듣습니다.

운동은 기본적으로 '몸을 가꾸는 행위'입니다. 여기에는 키도 포함되어 있지만 체력, 집중력, 인내심, 정서 함양 등 목적이 다양합니다. 시기에 따라서 필요한 운동도, 잘할 수 있는 운동도 다릅니다. 한창 공부를 해야 할 아이들에게는 '체력이 곧 집중력이다'라고 말할 수 있을 것 같습니다.

저는 상담할 때 "장수해서 100년을 산다면, 지금부터 100년 쓸 몸을 만들어주는 거예요"라고 말하고는 합니다. 특히 성장기에 몸을 잘 만들어두면, 어른이 되어서도 좋은 몸으로 평생을 살아갈 수 있으니 운동은 선택이 아닌 필수라고 할 수 있습니다.

운동을 잘하는 아이들은 대부분 학교 생활도 잘합니다. 성적은 물론이고 친구 관계도 좋습니다. 아무래도 운동이 사회성 발달을 돕다 보니 자연스럽게 이런 결과가 나오는 것이라 짐작합니다.

그런데 많은 부모님들이 운동을 좋아하는 것과 운동을 잘하는 것을 헷갈립니다.

"우리 아이는 운동을 잘하는데 왜 집중력이 떨어질까요?"

이런 질문을 받는 경우가 생각보다 많습니다. 운동을 잘한다는 건 신체 능력이 좋고 운동신경이 좋다는 뜻일 수 있습니다. 운동을 잘하더라도 아이가 운동을 즐기지 않는다면, 운동 효과를 얻을 수 없습니다. 대개는 운동을 좋아하는 아이가 운동을 잘하는 아이로 성장하지만 운동에서 스트레스를 받으면 오히려 부작용이 생길 수 있습니다.

그래서 저는 학부모님들에게 이렇게 말씀드립니다.

"아이가 운동을 잘하는 것과 운동을 좋아하는 것은 다릅니다. 아이가 운동을 잘하는 것도 중요하지만, 그보다 중요한 것은 운동에 재미를 갖게 해주는 거예요. 아이가 운동을 지금보다 더 재미있게 할 수 있도록 어머님이 도와주세요."

100년 쓸 몸의 그릇을 견고하고 단단하게 만들듯이 공부 역시 그러합니다. 꼭 입시를 위해서가 아니더라도 모든 분야에서 공부는 반드시 필요합니다. 단단한 몸의 그릇을 만들었다면, 아이가 원하는 좋은 것을 채우기 위한 공부가 필요합니다.

상담사례   우리 아이, 운동선수가 될 수 있을까요?

많은 부모님들이 '예체능'은 천부적인 재능이 필요하다고 생각합니다. 또 아이들이 재능을 보이면 손흥민, 박태환, 김연아 선수처럼 키우고 싶어 하죠. 물론 이러한 생각이 틀린 것만은 아닙니다. 운동신경이 특출나고 신체 조건이 좋은 아이들이 꽤 있거든요. 그런데 생각보다 운동신경이 좋은 아이들이 정말 많습니다.

현장에서 아이들을 지도하다 보면 매년 선수로 키울 만한 아이들을 자주 만납니다. 그런데 아무리 아이가 재능이 있고 타고난 신체 조건을 갖고 있다고 해도 중요한 건 아이의 흥미입니다. 운동신경이 좋은 친구들이 의외로 끈기가 부족한 경우가 많습니다.

운동을 하다 보면 기술 습득이 빠른 아이들이 있어요. 유연성과 순발력이 좋은 아이들은 대부분 어떤 운동을 시켜도 곧잘 합니다. 이런 아이를 키우는 부모님은 한번쯤 국가대표를 시킬 꿈에 부풀기도 하시는데요. 문제는 아이가 끈기가 없다는 겁니다.

다른 친구들보다 빨리 다음 과정에 올라가면 더 욕심 내서 운동을 할 거 같은데 아이들은 쉽게 지칩니다. 처음에는 칭찬도 많이 받고 스스로 보기에도 남들보다 자신이 잘한다는 생각에 우쭐해지지만 선수로서 준비를 하거나 더 높은 단계로 가기 위해서는 재능만큼 노력이 뒷받침되어야 합니다. 재능만 믿고서는 선수 생활이 어렵습니다. 남들 이상의 노력이 필요해요. 이런 노력을 만드는 동기가 흥미인 거죠. 운동도 공부와 같아서 선행을 하고 싶어 하는 아이가 있고, "우리 아이가 운동을 잘하니 이 단계는 넘어가면 어떤가요?" 하고 묻는 부모님도 있습니다. 하지만 저는 늘 한결같이 말씀드립니다.

"모든 과정을 똑같이 이수하셔야 합니다. 그래야 아이가 제대로 배우고 운동에 흥미가 떨어지지 않아요."

단순히 체육관에 아이를 오래 붙잡아두려고 하는 말이 아닙니다. 운동이 아이의 삶에 도움이 되기 위해서는 적성과 흥미를 고려해서 기초부터 탄탄하게 체계적으로 배우는 것이 중요하기 때문입니다. 너무 일찍 선행학습을 많이 한 아이들이 공부에 대한 흥미가 더 빨리 떨어지는 경우를 많이 봅니다. 아이가 알아가는 재미를 느끼기도 전에 진도에 맞춰 학습을 진행하다 보면 어느 순간 거부감이 생기는 거예요. 우리 아이가 중요한 것을 해야 할 때에 잘할 수 있도록 많은 기회를 주고 기다리는 마음이 필요합니다.

02 우리 아이는 왜 자신감이 없을까요?

요즘 '자존감'이란 말이 유행인 듯합니다. 특히 육아 관련 뉴스나 방송 프로그램, 책에서 자주 접하게 됩니다. 부모라면 누구나 내 아이를 자존감 가진 아이로 키우고 싶을 것입니다. 저 역시 아이들에게 자존감을 길러주는 것이야말로 큰 선물이라고 생각합니다.

부모님들이 이토록 자존감에 관심을 갖는 이유가 무엇일까요? 스스로를 사랑하고 타인을 배려할 수 있는 힘이 바로 자존감에서 나오기 때문입니다.

집에서는 활발한데 밖에서는 소극적인 아이 ───────

자존감은 아이가 부모와 함께 있는 환경 속에서 자라납니다. 부모가 아이에게 긍정의 언어, 사랑이 담긴 말을 해줄수록 쑥쑥 커집니다. 다만 '자존감'과 '자존심'은 다릅니다. 아이에게 무턱대고 칭찬을 해주는 것처럼 주변 환경에 따라서 자존감이 아닌, 자존심이 강한 아이가 되는 경우도 있습니다.

자존심 강한 아이는 칭찬만 좋아하고, 가족들에게는 자기 표현을 적극적으로 하지만 밖에서는 우물쭈물하는 태도를 보이곤 합니다. 가족에게 비친 자기 모습과 사회에서의 모습을 다르게 받아들이는 것인데요. 가족이 아닌 사람이 나를 칭찬해주지 않으면 기분 나빠하거나 화를 내는 경우가 여기에 속합니다. 간혹 자존심이 센 아이를 자존감이 센 아이라고 잘못 알고 지도하는 부모님들이 있는데, 이는 지혜롭게 구분해야 합니다.

아이의 자존감을 키우려면 일방적인 칭찬을 자제해야 합니다. 아이를 인정하고 사랑해주는 것은 중요하지만 그보다 아이 스스로 자신을 괜찮은 사람으로 인지하도록 만들어주는 것이 필요합니다. 어떨 때 괜찮은 사람이라는 생각이 들까요?

바로 자신감이 있을 때입니다. 아이들이 자신감을 얻게 되는 요인은 여러 가지가 있는데, 대표적으로 아이가 자기 몸을 사용할 때를 예로 들 수 있습니다. 신체를 활발하게 사용하는 아이는 자신감을 쉽게 얻습니다. 아이들이 기어 다니다가 벌떡 섰을 때 표정을 보신 적 있나요? 첫걸음마를 떼는 순간, 아이는 눈을 반짝이면서 마치 세상을 다 가진 표정으로 환하게 웃습니다. 인생에서 자신감을 쌓는 첫 번째 단계인 것입니다.

신체 활동을 통해 자신감을 쌓는다 ————

한 걸음이든, 두 걸음이든 걸음을 내딛는 그 순간에 아이는 성취를 경험하게 됩니다. 이때 곁에서 걸음마를 축하해주는 가족들이 있다면, 아이는 사랑이 담긴 가족들의 눈빛을 느끼면서 자존감이 충만해집니다.

그런데 이렇게 자존감을 얻은 아이들이 성장 과정에서 자존감이 바닥나는 경우가 생깁니다. 또 자존감이 아닌 자존심만 센 아이로 바뀌는 경우도 많습니다. 이렇게 되는 이유는 자존감에 대해서 제대로 배울 기회를 놓쳤기 때문이라고 볼 수 있습니다.

아이들이 자존감을 오래 간직하며 더 큰 자신감을 얻으려면 일찍부터 신체활동을 통해 자신감을 축적해놓는 연습이 필요합니다. 아이들은 제 몸을 통해서 스스로를 이해하는 경우가 많습니다. 내 몸이 마음대로 통제되는 것을 보면서 자신감을 얻는 것입니다.

걷거나 뛰고 이동하면서 자유롭게 몸을 움직일수록 자신감이 붙습니다. 중요한 것은 아이에게 과도한 운동 기술을 가르치지 않는 것입니다. 운동 기술에만 집중하면 아이가 자기 몸을 발견할 기회를 얻지 못합니다.

그러면 어떻게 해야 할까요?

아이가 걸음마를 뗀 순간부터 아이가 자기 몸을 소중하고 안전하게 다룰 수 있도록 가르쳐주는 게 중요합니다. 아이 앞에 놓인 모든 상황을 위험하다고 막아서지 말고 안전한 환경에서 경험할 수 있도록 부모님이 환경을 만들어주면 됩니다.

그러면 아이는 자기 신체를 소중히 여기며, 다른 사람의 신체 또한 소중하게 생각합니다. 그렇게 나에게서 출발해 다른 사람을 이해하고 존중함으로써 스스로를 더 깊이 사랑하게 됩니다. 이 모든 과정을 운동을 통해 경험할 수 있습니다.

자신감 높은 아이가 공부를 잘한다 ─────

"내가 공부를 안 해서 그렇지 머리는 좋다니깐!"

갑자기 성적이 오른 아이가 친구들 앞에서 으스대며 이런 말을 합니다. 언뜻 자신감 넘치는 아이처럼 보이기도 하지만 그저 자신감 있는 '척'하는 아이일 수도 있습니다. 아이 말이 정말인지는 시험 성적에서 뚜렷하게 나타납니다. 자신감 있는 아이는 "때"를 만나면 물 만난 고기처럼 자유롭게 자신이 하고자 하는 것을 해냅니다. 특히 신체 활동이 활발하고 적극적인 아이일수록 학업성취도가 높습니다. 말이 아닌 행동으로 보여주지요.

물론 몸을 쓰며 노는 것이나 운동을 좋아한다고 해서 반드시 우수한 성적을 내는 것은 아닙니다. 그저 뛰어노는 것을 좋아할 뿐 공부를 싫어할 수도 있고, 겉보기엔 체력이 좋은 것 같은데 전문가의 입장에서 볼 때는 그렇지 않은 경우도 있거든요.

상담사례 한시도 가만있지 못하고 뛰어다니는 아이

한 번은 이런 상담 요청을 받은 적이 있습니다.

"아이가 매일 운동장에서 뛰는데, 한시도 가만히 있지를 못해요. 체력이 좋은 건지, 산만한 건지 모르겠어요."

어디를 가도 가만히 있지 않고 사방팔방 뛰는 아이는 있기 마련입니다. 그런데 열심히 뛰다보면 금세 지치곤 합니다. 매일 운동장에서 뛰어다니니 엄마는 아이가 체력이 좋은 줄 알지만, 사실은 그렇지 않을 수 있습니다. 규칙적으로 몸을 움직이면서 운동하는 습관을 들이지 않았기 때문입니다.

무작정 뛰는 건 잘하는데 운동 경험이 없는 아이가 있습니다. 부모님 말씀대로 체력이 좋다면 운동 10분 만에 기진맥진할 수는 없거든요.

물론 놀이터에서 오래 뛰는 아이들이 체력이 좋은 건 맞습니다. 유산소 운동을 하면서 심장과 폐가 튼튼해지니까 에너지가 넘칩니다. 하지만 운동과 연결 지어 생각하면 이야기가 달라집니다. 아이가 체력이 좋고 잘 달리니 마라톤도 잘할 수 있을까요? 그렇지는 않습니다. 운동으로 근육을 쓰는 것과 움직임이 좋은 건 전혀 다릅니다. 움직임이 아무리 좋아도 근육을 써본 적이 없다면, 훈련을 꾸준히 시켜주는 것이 중요합니다.

체력은 타고나기도 하지만 만드는 게 더 중요하다 ————

아이가 체력이 약해 고민이라는 학부모님들을 만나면, 항상 같은 말씀을 드립니다. "체력을 강하게 키우는 가장 좋은 방법은 운동"이라고 말입니다.

운동을 하면 어느 순간 피로감이 몰려오는데 이때가 바로 '체력이 떨어졌다'고 하는 순간입니다. 이렇게 '힘들다, 체력이 떨어진다'는 생각이 들면서 운동의 지속성이 깨지는데요. 이 과정을 이겨내야만 체력이 강해집니다. 안타깝게도 아이들은 대부분 견디기 힘들어합니다. 어른이야 동기가 있으면 참고 견디지만 아이들이 어디 그런가요. 힘들고 지치면 쉽게 그만두려고 합니다. 이때 필요한 것이 바로 '놀이'입니다.

놀이터에서 신나게 노는 것은 중요합니다. 자연스럽게 유산소 운동이 되거든요. 자유롭게 뛰어놀거나 자전거, 킥보드 등을 타다 보면, 아이 몸이 자연스럽게 산소를 받아들입니다.

놀이를 통해 밑바탕을 만들었다면, 본격적으로 자기 몸을 조절하는 법과 근육을 움직이는 법 등을 익히면서 '운동 모드'로 들어갑니다. 이때부터는 근육을 키워주는 운동을 본격적으로 시작합니다.

운동 체력이 좋은데 책만 펴면 집중을 못 하는 아이 ————

아이가 좋아하는 대상을 공부로 바꿔주는 노력이 필요합니다. 아이라고 해서 몸 쓰는 운동이나 놀이를 다 좋아할까요? 어떤 아이들은 운동 자체를 거부하기도 합니다. "친구들과 같이 놀면 좋잖아." 어르고 달래도 소용없습니다. 몸 놀이가 충분히 익숙해진 아이가 운동도 즐겁게 배웁니다.

이 말은 학습에도 적용할 수 있습니다. 하고 싶은 마음도 없는데 억지로 해야 하는 것이라면 아이는 거부감이 들기 마련입니다. 그렇다고 무조건 놀이가 중심이 되면 아이가 공부를 하지 않으려고 하죠. 아이에게 적절한 환경을 제공하는 것이 중요합니다. '자유 놀이에서 규칙이 있는 놀이 즉 신체 게임, 그리고 운동' 이렇게 운동 순서를 정하듯이 공부 역시 '(학습이 아닌) 놀이에서 간단한 활동지나 체험, 만들기 활동 등이 들어간 학습 놀이, 그리고 학습' 순으로 흐름을 만드는 것입니다.

 전문가의 TIP!

운동 전 준비운동은 필수!
운동을 한다고 해서 체력이 곧바로 좋아지지는 않습니다. 체력을 키우려면 근육을 바르게 써야 하는데, 앞서 말한 것처럼 놀이터에서 뛰거나 자전거를 타는 등의 놀이가 필요한 건 아이가 운동할 때 몸 안에 산소를 채우기 위한 준비입니다. 체력을 만들기 전에 워밍업을 충분히 시켜주세요.

03 우리 아이 혼자 운동을 배울 수 있을까요?

인지 지능이 높은 아이는 정서 지능도 높을까? ————

아이가 영재라면 운동을 배우는 것도 특별해야 할까요? 어릴수록 혼자보다는 함께하는 운동을 가르치는 것이 좋습니다. 아이에게 운동은 그저 움직이는 것이 전부가 아닙니다. 그렇다면 놀이터에서 그냥 마음껏 뛰어 놀게 하면 되지 굳이 수업료를 내면서 운동을 가르칠 필요가 없겠죠. 함께하는 운동이 아이를 어떻게 변화시키는지 알아보겠습니다.

어느 날 체육관에 찾아온 한 부모님이 저에게 "우리 애는 영재예요." 하고 말한 적이 있습니다. 저 역시 아이 모습을 보고 짐작했습니다. 다섯 살짜리 아이가 체육관에 오자마자 초등학생 놀이용 퍼

즐을 척척 맞추고, 체육관 운동 커리큘럼이 적힌 책자를 술술 읽었기 때문입니다.

부모님은 똑똑하고 빠른 자기 아이를 위해 체육관에서 일대일 수업을 해달라고 요청했습니다. 교육비를 더 내도 좋으니, 아이를 단독으로 지도해달라는 것이었습니다. '굳이 그렇게까지 하는 이유가 있을까?' 싶어서 조심스럽게 물어봤더니 '아이가 그걸 원한다'는 대답이 돌아왔습니다. 아이가 똑똑하다 보니 또래들과의 관계는 시시하게 느끼고, 상급생들과 어울리면 너무 치여서 스트레스를 받는다는 것이었습니다.

과연 다섯 살 아이가 이렇게 말했을까요? 아마 집중적으로 관리를 받기 위해서 일대일 수업을 해달라는 것이 아닐까 짐작이 되었습니다. 고민 끝에 저는 정중하게 요청을 거절했습니다. 일대일 수업을 하지 않기도 했지만, 모두가 함께 운동하는 체육관이고 아이들은 예외 없이 또래 친구들과 운동 수업을 통해 사회성을 길러야 한다고 생각했기 때문입니다.

저는 다른 아이들과 운동하는 것이 좋겠다고 말씀드렸지만 결국 부모님은 수업에 등록하지 않았습니다. 아이를 생각하면 지금도 참 안타깝습니다. 똑똑하고 야무져서 친구들, 상급생들과 함께 어울리고 배우면 더 많이 흡수하고 발전할 수 있을 것으로 보였거든요. 도전과 실패를 겪기도 하고 서로 경쟁도 하면서 운동의 즐거움을 알게 되기도 하고요.

아이의 정서 지능을 키우자 ─────

공부만 잘하는 인지 지능보다 아이에게 중요한 것은 정서 지능입니다.

아이들의 지능은 타고나기도 하지만 후천적으로 발달하거나 퇴화하기도 합니다. 인지 지능이나 정서 지능 모두 마찬가지입니다. 아이에게 특정 지식을 습득시키는 것도 중요한 만큼, 이를 어떻게 활용하는지 가르치는 것도 중요합니다. 이때 필요한 것이 바로 정서 지능입니다.

어려운 문제집을 척척 푸는 아이. 부모에게는 기특하고 대단해 보일 수밖에 없습니다. 하지만 문제는 쉽게 풀면서 친구들과 어울리고 노는 것은 어려워하는 아이들이 생각보다 많습니다. 더욱이 친구 관계에는 정해진 공식이 없기 때문에 외워서 해결할 수 있는 일도 아니죠.

아이가 학습으로 지식을 쌓고 다양한 문제를 경험하면서 더 어려운 문제를 풀 듯, 정서 지능 또한 학습과 동시에 여러 사람들과의 관계를 겪으면서 자라게 됩니다. 이때 운동이 중요한 역할을 합니다. 함께 땀을 흘리고 협동하거나 겨루면서 혼자서는 할 수 없는 경험을 하고 이를 통해 배우게 됩니다. 정서 지능도 높아집니다.

상담사례 욕설이 심한 아이를 가르치는 법

한 번은 말투가 거친 아이가 체육관을 찾아온 적이 있습니다. 말끝마다 '씨이' 하는 소리가 붙고, 어른을 보고도 '이 자식아' '저 사람이'라고 하는 등 말투가 매우 거친 아이였습니다.

말투도 말투인데 쓰는 단어가 거칠고 정제되지 않았습니다. 그래서 수업 시간마다 아이가 하는 말을 바로잡아주었습니다. 어휘력이 부족한 건 아니었지만, 언어 습관이 잘못 들여진 경우였습니다.

유난히 험한 말을 사용하는 것 또한 정서 지능의 문제입니다. 아이가 체육관에서 줄넘기를 하다가 걸려서 "짜증 나 죽겠어!"라고 말하면, 저는 "'잘 안 돼서 답답해요'라고 하는 거야" 하고 고쳐주었습니다. 그리고 나서는 줄에 걸리지 않고 줄넘기를 잘할 수 있도록 다시 한 번 지도해주었습니다.

아이는 모든 언행에 거친 말투가 배어 있었습니다. 팀 게임을 하다가 상대 팀이 승리하면 "아, 열 받아!" 하고 툭 내뱉었습니다. 그러면 저는 "게임에 져서 속상해요"라고 해야 한다고 가르쳐주었습니다. 아이가 자신의 기분이나 상황을 정제된 언어로 표현하도록 알려주는 것이 중요하니까요.

처음부터 아이가 험한 말을 쓰지는 않았을 거예요. 왜 말투가 점점 거칠어진 것일까요? 말이 거칠고 상대를 배려하지 않아서 상처를 주다 보니, 주변 친구들은 점점 아이를 멀리하는 상황이었습니다. 아이는 점점 더 혼자서만 놀려고 하고, 제 뜻대로 안 되는 일에 거친 언어를 내뱉는 일이 반복되었습니다.

저는 아이가 언어 습관을 바꾸면 또래 관계가 회복될 거라고 보았습니다. 그래서 사소한 말투 하나하나까지 신경 쓰고 옆에서 교정해주었습니다. 말투가 바뀌면서 친구들과의 관계가 회복된 것은 물론이었지요.

우리 아이는 정말 욕을 못 할까? ────

요즘 아이들 중에 욕을 못하는 아이가 없습니다. 학교가 아니더라도 유튜브 같은 매체를 통해서 아이들은 자연스럽게 욕을 배웁니다. '우리 애는 욕할 줄 몰라요'라고 한다면 그건 순진한 생각입니다. 욕을 알지만 부모에게 모르는 척하거나 부모 앞에서는 일부러 쓰지 않는 것일 뿐이죠.

아이는 어른을 비추는 거울이라고 합니다. 어른 중에서도 욕을 모르는 사람은 없습니다. 다만 일상생활에서 비속어와 욕을 남발하지 않을 뿐입니다. 꾸준히 연습하고 노력하면서 참을성을 기르는 것이죠. 그럼 아이에게 '어떤 경우에도 욕을 절대 하지 마라'고 가르쳐야 할까요? 혹은 너무 화가 나면 욕을 해도 되는 것일까요?

생각해 보면 화가 나는 상황은 매우 주관적입니다. 그래서 아이가 화가 나는 상황이 무엇인지 인지했다면 이렇게 말해줍니다.

"아무리 화가 나도 해야 할 말과 하지 말아야 하는 말이 있어."

나쁜 행동이나 나쁜 언어 습관은 상황 속에서 연습과 훈련으로 개선해야 합니다. 정 자신의 불만이나 화를 표출하려면, 기준을 갖고 표현하도록 이끌어줄 필요가 있습니다.

화를 내야 할 기준점 ————

많은 분들이 인성 좋은 아이라고 하면 그저 남에게 잘 웃고, 친절하게 행동하는 것만 생각하는데요. 사실 정말 인성이 좋은 아이는 마음속에 화를 낼 기준점이 분명한 아이입니다. 다른 사람과 어울려 살아가는 세상 속에서 상처를 주거나 받지 않고, 서로 배려하면서 살아가게끔 가르쳐주는 것이죠.

아이들이 운동을 배우면 어떻게 달라질까요? 제 경험상 운동하는 아이들은 여럿이 함께하다 보니 자신의 말과 행동을 좀 더 신경 쓰고는 합니다. 타인에 대해 의식하고 있는 만큼 예절과 배려를 알려주기도 쉽고 이해도도 높은 편입니다. 어려서부터 운동을 시작하면 인성의 기초를 쌓아가는 데에도 도움이 됩니다.

04 게임에 중독된 아이, 어떻게 해야 하나요?

아이들은 원래 한 가지에 꽂히면 거기에만 집중하는 성향이 강해서 대상에 쉽게 몰입합니다. 이러한 몰입 자체는 좋지만 몰입의 대상이 게임이 되면 아이들의 인성에 좋지 않은 영향을 미치게 됩니다. 흔히 '과유불급'이라고 하죠. 지나치면 모자란 것만 못하다는 뜻입니다. 요즘 아이들의 이런저런 중독 때문에 상담을 오는 학부모님들이 많습니다. 특히 게임 중독이나 스마트폰 중독은 심각한 수준입니다. 이럴 땐 어떻게 해야 할까요?

운동 중독으로 바꾸기

아이들이 게임에 푹 빠지면 관심 대상을 바꿔주는 게 중요합니다. 예를 들어 또래들과 하는 활동이나 놀이에 몰입하도록 하는 것입니다. 저는 아이가 친구들과 '운동 중독'에 빠질 수 있도록 학부모님들에게 권장하는 편입니다. 운동을 통한 경험은 혼자가 아닌 여럿이 함께하는 것인 만큼 아이가 사회성을 배울 수 있는 기회가 됩니다. 모든 운동에는 규칙이 있기 때문에 내 움직임과 다른 사람의 움직임을 이해하고 반응하는 과정에서 자연스러운 성장이 이루어집니다.

아이가 놀이를 통해 사회 활동에서 경험하는 다양한 감정을 느끼는 건 매우 중요합니다. 옆에서 함께 움직이는 사람이 있어서 위안을 받고, 친구에게 피해를 주거나 방해가 되지 않도록 배려하는 법을 배우기도 합니다. 또한 또래들과 함께 팀을 이루어 운동하다 보면 성공이나 성취의 경험이 자연스럽게 습득됩니다.

운동은 공정한 규칙으로 관계를 맺으며 활동하는 것이기에 아이들의 신체 기능을 키워주기도 하지만, 무엇보다 사회성과 정서 지능을 높이는 데 큰 도움이 됩니다.

유튜브에 관대한 부모들, 괜찮을까? ──────

어떤 부모님들은 놀이 활동보다 스마트폰으로 유튜브를 보는 것에 대해 관대한 편입니다. 워낙 여러 매체를 통해서 아이들이 영상 콘텐츠를 접하게 되다 보니 유튜브에 대해서도 특별히 거부감이 없는 것 같습니다. 자극적인 콘텐츠만 아니면 아이들이 영상을 통해서 정보나 지식을 얻을 수 있으니 공부에도 도움이 된다고 말하는 부모님도 있습니다.

단지 학습적인 측면에서는 그럴 수 있지만 정서 지능 차원에서 보면 문제가 될 만한 부분이 있습니다. 왜냐하면 유튜브 콘텐츠는 아이들이 스스로 생각하고 움직이고 경험하기보다는 다른 사람이 만들어 놓은 경험을 아이에게 주입시키는 방식이거든요.

자극적인 콘텐츠가 아니더라도 아이들이 경험하지 못한 가상의 공간에서 경험을 축적하게 되면, 생각하는 능력이 부족해질 수 있습니다. 간접경험을 얻을 수 있는 또 다른 활동인 독서는 아이들이 생각할 시간을 주는 반면, 디지털 기기에서 제공되는 콘텐츠는 짧은 시간에 너무 많은 정보들이 쏟아지다 보니 오히려 경험의 기회를 빼앗깁니다.

스마트폰을 통해 콘텐츠를 접하면 또 다른 문제가 하나 더 생깁니다. 바로 '게임 중독'입니다.

어느 정도가 게임 중독일까? ─────

"아이가 게임을 많이 하는데 어느 정도 해야 게임 중독인가요?"

게임 중독의 기준을 묻는 부모님들에게 저는 "지금 당장은 아니더라도 곧 게임 중독으로 갈 확률이 높다"고 말씀드립니다. 스마트폰에서 하든 컴퓨터로 하든 게임은 중독성을 기반으로 합니다. 하루에 한 시간만 한다고 해도, 반복적으로 하면 게임에 중독될 확률이 높아집니다.

특히 온라인 게임은 가상세계와 현실을 구분하지 못하게 만들기도 합니다. 아이들은 보통 자기 경험을 통해 가치관을 만들고 다른 사람과의 교류로 세계관을 확장합니다. 따라서 현실에서 부딪치는 경험이 무엇보다 중요한데, 게임에 중독되면 방 안에 누워서 손가락만 움직이면서 간접경험을 하게 됩니다.

아이가 운동을 하다가 다른 친구랑 부딪쳐서 다친 상황을 예로 들어보겠습니다. 의도하지 않게 몸을 부딪쳤기 때문에 처음엔 당황할 수 있습니다. 아이도 아프고 상대방도 아픈 상황. 이제 아이는 생각하기 시작합니다. '앞으로는 움직일 때 속도를 조절해야겠다', '운동 중에 몸이 부딪치지 않게 잘 피해야겠다' 등등. 방어적 행동을 하고 조심성을 더 기를 수 있습니다.

중요한 것은 이와 같은 사고와 행동이 이어지려면 현실에서 경험하고 느껴야 한다는 것입니다. 온라인 게임을 할 때는 이런 느낌을 결코 얻을 수 없습니다. 그저 게임에서 이기고 지는 것만 있을 뿐입니다. 다른 사람에게 폭력을 휘두르는 것도, 내가 목숨을 잃는 것도 아무렇지 않죠. 가상의 공간에서는 모든 일에 무감각해질 수 있습니다.

어른들이야 삶의 경험으로 분별력을 갖고 있지만 어렸을 때 이런 경험을 하지 못한 어린이들의 경우, 청소년기를 지나 어른이 되었을 때 공감 능력이 결여된 사람이 될 수 있습니다. 인격적으로 문제를 가진 어른이 되는 거죠.

그래서 저는 아이들이 온라인 게임보다는 운동에 중독되게 하라고 조언을 합니다. '중독'이라는 말의 어감이 좋지 않지만 아이들이 온라인 게임에 쉽게 노출되어 있는 환경을 생각해보면 운동을 통해 아이들이 즐거운 중독을 경험하는 것이 낫다고 생각합니다.

앞서 말씀드렸지만 '건강'은 신체적인 건강만 뜻하는 게 아닙니다. 정서적, 사회적으로도 건강해야만 비로소 '건강하다'고 할 수 있습니다.

상담사례 키만 크다고 해서 건강한 게 아닌 이유

"싫어요! 싫다고요. 진 거잖아요. 이기고 싶어요!"

부모님을 닮아 신체 조건이 탁월했던 민구라는 친구가 있었는데, 민구는 운동하기 좋은 조건을 가지고 있었지만 정서적인 문제가 있었습니다. 자기 몸과 운동신경을 믿고 친구들을 힘으로 제압하려고 하고 과도하게 승부에 집착했습니다.

지는 걸 너무 싫어해서 친구들과 운동하다 자기편이 지면 고래고래 소리를 지르며 바닥을 뒹굴었습니다. 결국 친구들도 민구와 운동하기 싫다고 했고, 이런 상태가 지속되자 저는 부모님과 상담을 해야겠다고 생각했습니다.

"어머님, 민구가 평소에 화를 잘 내고 다른 친구들을 힘으로 누르는데 집에서는 어떤가요?"

"네, 저도 그러지 말라고 가르치는데… 사실 그 점이 가장 고민이에요."

대개 아이의 두드러지는 문제 행동은 부모님도 인지하고 있습니다. 말보다는 행동이 앞서는 아이들인데, 자신의 감정이나 생각을 말로 소통하려고 하기보다는 육체적 반응으로 표현하는 데 익숙해진 것입니다. 표현 방식 또한 격해서 윽박지르거나 큰소리를 치면서 자기주장을 하니 주변 친구들이 힘들어할 수밖에요.

몸이 마음만큼 성장하지 못한 아이 ────

"체구가 크기 때문에 다른 친구들이 겁을 먹을 수도 있다고 했는데도 말을 듣지 않아요. 저도 어떻게 해야 할지 모르겠어요. 하지 말라고 타이르기도 하고 화도 내보는데 안 되네요."

민구 어머니는 저에게 이렇게 고민을 털어놓았습니다. 이런 경우 아이가 몸은 다른 또래들보다 빠르고 크게 성장한 반면에 마음의 그릇이 그만큼 성장하지 못한 것이라고 볼 수 있습니다. 저는 상담 과정에서 부모님에게 아이가 자기 몸을 잘 다룰 수 있도록 가르쳐주는 게 중요하다고 강조했습니다.

민구의 가장 큰 문제는 스스로 통제가 안 된다는 것입니다. 같은 나이라도 아이들은 덩치 차이가 많이 납니다. 체구가 큰 친구들은 자신의 몸을 잘못 사용하면 다른 사람을 다치거나 아프게 할 수 있다는 것을 알아야 합니다. 그러기 위해서는 자기 몸을 잘 알고 스스로 통제하는 방법을 깨우쳐야 하죠.

덩치가 큰 아이는 운동하면서 자기 공간을 충분히 확보하는 것이 중요합니다. 다른 사람의 눈치를 보지 않고 운동을 먼저 자유롭게 하면, 행동이 억눌린다는 생각을 하지 않게 됩니다. 실제로 민구에게 그렇게 행동하도록 지도했고, 그 이후로는 체육관에서 다른 아이들에게 과격한 행동을 하지 않게 되었습니다. 서로 부딪히지 않도록 공간을 확보하고, 자신의 움직임이 다른 사람에게 피해가 될 수 있음을 가르쳐주는 것입니다.

우선 체육관 바닥에 붙인 점으로 아이의 공간을 알려주었어요. 이 자리만큼이 너의 활동 공간이며 움직이고 나면 다시 돌아와야 한다고 계속 말해주었죠. 아이는 친구들과 부딪히는 일이 줄어들었습니다.

게임을 하다 보면 경쟁을 해야 할 때도 있고 승부를 내야 할 때도 있습니다. 민구나 아이들이 지나치게 승부에 집착하지 않도록 주의했지만 그렇다고 일부러 아이들을 억제하거나 게임 규칙을 바꾸지는 않았습니다. 땀 흘리고 열심히 해서 얻은 보상을, 승리를 통해서 맛보는 기쁨을 빼앗을 수는 없었으니까요. 다만 분위기가 너무 과열되지 않도록 아이들을 지도했습니다.

교육은 천천히 가랑비에 옷이 젖듯이 스며들도록 해야 합니다. 그리고 넉넉한 마음으로 기다려주어야 하죠. 민구의 마음을 다스리기 위한 교육도 효과가 나타나기까지 시간이 오래 걸렸습니다. 아직도 가끔씩 화를 내기도 하지만 "민구야, 그만!" 하고 말하면 이내 자기 위치로 돌아갑니다. 자신의 몸을 조절하는 스위치가 달린 아이처럼 말입니다.

키가 크고 체격이 좋다고 해서 아이가 건강한 것은 아닙니다. 거듭 말씀드리지만 정서적 건강, 심리적 건강도 매우 중요합니다. 이 점을 부모님들이 꼭 기억했으면 좋겠습니다.

 전문가의 TIP!

아이의 신체 조건에 너무 얽매이지 마세요!

많은 부모님들이 아이의 키가 작거나 체구가 작은 것을 고민하지만, 저는 신체 조건은 두 번째라고 생각합니다. 그보다 운동에 얼마나 적극적이냐 하는 것이 중요하죠. 신체 조건이 좋다고 해서 꼭 운동을 더 잘하는 것은 아닙니다. 운동에 얼마나 마음이 열려 있는지를 먼저 살펴야 합니다.

05 운동을 하면 공부를 소홀히 하지 않을까요?

흔히 운동을 하면 공부할 시간이 줄어들고, 결국 공부를 못하게 된다고 생각합니다. 하지만 사실 그 반대입니다. 공부를 열심히 하는 아이들이 운동도 잘하고, 운동을 잘하는 아이들이 공부를 훨씬 잘하는 경우가 많습니다.

운동할 거면 공부를 포기해라?

저는 어린 시절에 키가 큰 편이었습니다. 그래서 주변에서 '운동 선수 하라'는 말을 많이 들었습니다. 초등학교 때 담임선생님이 탁구반 전담 선생님이어서 우연히 탁구를 시작했는데요. 초등학생인데도 수시로 탁구장에 불려 나가 서브를 연습했던 기억이 납니다.

저는 집안 형편이 어려워 경제적인 지원을 받을 수 없었기 때문에 운동을 더 이상 하지 않았습니다. 당시에는 '공부 못 하는 아이들이 운동을 한다'는 인식이 있었습니다. 기왕 운동을 할 거면 공부를 포기하고 운동에만 몰입해야 한다는 거였죠.

저와 함께 운동했던 친구는 머리가 좋았습니다. 제가 포기한 이후에도 꾸준히 탁구를 해서 각종 대회에서 우승하고 나중에 엘리트 선수로 승승장구했습니다.

물론 우리는 자녀를 프로 운동선수로 만들려는 것이 아닙니다. 운동을 통해 정서적, 인지적 능력을 키워주려고 하는 것이죠. 요즘은 운동 잘하는 아이들이 공부도 잘합니다. 저 역시 성장 과정을 돌이켜보면 반에서 공부 잘하는 친구들이 거의 운동을 좋아하고, 잘했던 기억이 납니다. 공부든 운동이든 열정적인 아이들이 승부욕도 강하고 원하는 결과를 얻게 되는 것 같습니다.

저희 체육관에 오는 부모님들 중에서는 아이가 공부할 때 체력이 떨어질까 봐 운동을 시키는 분들도 있습니다. 하지만 운동을 단지 체력을 기르기 위한 수단 정도로 생각하면 안 됩니다.

운동을 잘하려면 기본적으로 머리가 좋아야 합니다. 왜냐하면 운동은 결국 몸을 움직이는 건데, 몸을 자유롭게 움직이도록 하는 것은 우뇌거든요. 뇌에서 이해가 되고 정보처리가 원활하게 되어야만 몸이 자유자재로 움직입니다. 우리가 흔히 말하는 '반사신경'이라는 것도 역시 우뇌의 활동입니다. 탁월한 반사신경을 가진 아이들은 결국 우뇌의 움직임이 활발한 거라고 볼 수 있습니다.

운동 머리는 공부 머리다 ————

저는 "운동 머리는 공부 머리다"라는 말을 자주 합니다. 다만 공부와 운동의 차이라면, 공부는 학습과 지식에 관한 것이고 운동은 내 몸을 효율적으로 잘 사용하는 것이라는 점이 다를 뿐이죠.

왜 운동 잘하는 사람이 머리가 좋은지 조금 더 알아볼까요?

배드민턴을 예로 들어보겠습니다. 동네 약수터나 놀이터에서 부모님과 아이들이 재미 삼아 배드민턴을 치는 모습을 자주 봅니다. 배드민턴이 두뇌 운동이라고 하면, "그게 왜?"라고 묻는 분들이 많습니다. 배드민턴을 스포츠가 아닌 단순한 운동이라고만 생각하는 거죠.

두뇌를 깨워주려면 아이와 배드민턴을 치자 ————

경기를 운영하려면 올바른 사고능력이 필요한데, 배드민턴은 사고능력을 키우기 위한 최고의 스포츠라고 할 수 있습니다. 그것도 일상에서 쉽게 접할 수 있으니 더할 나위 없죠.

배드민턴의 셔틀콕은 매우 빠르고, 어디로 움직일지 예측하기 어렵습니다. 라켓에 셔틀콕이 맞는 각도나 바람의 방향, 선수의 힘에 따라서 셔틀콕의 움직임은 크게 달라집니다. 이런 상황에서는 상대방의 움직임을 보고 라켓을 움직이면 늦습니다. 실제 경기에서 선수들이 치는 모습을 보면 상대의 움직임을 예측하고 발 빠르게 스매싱을 하는 경우가 많습니다. 그것은 배드민턴 선수들의 운동신경이 탁월한 것도 있지만, 상대 선수의 움직임에 대한 데이터가 머릿속에 있기 때문입니다.

즉, 상대 선수의 라켓 방향이나 선수 성향을 파악하고 움직임을 예측하면서 경기를 자기 페이스대로 끌고 가기 위해 몰입하는 것입니다. 우리가 보기에는 그저 훈련하고 연습한 대로 치는 것 같아 보여도 실은 다각도로 계산된 플레이를 해야만 이길 수 있는 스포츠가 바로 배드민턴입니다.

배드민턴은 절대 반사신경에만 의존하는 스포츠가 아닙니다. 경험이 많은 선수라면 자기 경기능력을 향상시키기 위해서 꼭 필요한 게 있습니다.

상대방의 관점에서 생각하기 ————

프로 배드민턴 선수들은 다양한 상황에서 판단력과 사고력이 필요한데, 이때 상대방의 입장에서 생각하고 움직이는 경우가 많습니다. 이는 비단 배드민턴뿐만 아니라 대부분의 운동 경기들이 마찬가지입니다. 체력과 운동신경은 물론이고, 뛰어난 기술이 필요하죠. 어떤 경기냐에 따라서 정확한 판단을 해야 하고, 이 점에서 사고력이 정말 중요한 게 바로 운동 경기입니다. 성공한 운동선수들은 대부분 잘 단련된 몸만큼이나 뛰어난 사고능력을 가지고 있습니다.

그래서 저는 이런 운동이야말로 아이들이 사고력과 집중력을 키우기 가장 좋은 도구라고 생각합니다. 보통 아이들을 보면 저학년 때는 운동을 꽤 하다가 고학년으로 올라갈수록 공부 시간을 늘리기 위해 운동을 그만두는 경우가 많은데요. 다음 사례를 한번 살펴보도록 하겠습니다.

상담사례 운동에 집중해도 공부를 잘한다

예전에 가르쳤던 아이 중에 민서라는 아이가 있었습니다. 워낙 운동을 좋아하고 똑똑한 아이였는데, 특히 태권도를 좋아했습니다. 민서는 태권도 4품을 꼭 따고 싶었지만 부모님은 공부할 시간이 부족해 운동시간을 줄여야 한다고 했습니다.

"민서 정도면 국제중에 갈 실력인데 운동할 시간에 공부를 더 하는 게 낫지 않아요? 학습 시기는 한 번 놓치면 따라가기 어려워요."

중학생이 되면 운동을 포기하는 이유 ————

주변에서 민서 어머니를 부추겼습니다. 사실 이 정도 이야기에 설득되지 않을 부모님은 거의 없습니다. 특히 어릴 때부터 아이가 공부를 잘했다면, 더더욱 학습 시간을 더 늘려야 한다는 생각을 하게 됩니다. 아이가 입시를 본격적으로 준비해야 하는 중학교 입학 즈음이 되면 거의 대부분의 부모님들이 같은 생각을 합니다.

하지만 저는 마음속으로 민서가 최소한의 시간이라도 운동을 끊지 않고 계속 했으면 좋겠다고 생각했습니다. 그건 민서가 공부 시간을 줄이길 바라서가 아니라, 민서가 운동을 통해서 성취감을 크게 느끼는 아이라는 걸 알기 때문이었습니다.

운동하는 모습을 보면, 민서가 어떻게 공부할지 눈에 그려졌습니다. 항상 아무렇지 않게 행동하지만 주위 기대에 부응해야 한다는 압박감을 무의식적으로 느끼는 아이였습니다. 오랜 시간 아이들을 지도하다 보면 자연스럽게 눈에 보이는 것들이 있습니다. 하지만 이런 제 생각으로 민서 부모님을 설득할 수는 없었습니다.

저는 민서가 곧 운동을 그만둘 거라고 생각했습니다. 보통 고학년이 되면 모든 시간을 공부에 집중하는데 민서처럼 국제중 진학이라는 목표를 가진 아이라면 더더욱 어려울 것 같았습니다. 그렇게 반쯤 포기했는데 놀랍게도, 민서가 운동을 그만두지 않는 거예요.

저는 민서의 선택이 놀라워서 부모님에게 왜 운동을 계속하기로 했는지 물어보았습니다. 그런데 민서 어머니는 이런 대답을 들려주었습니다.

"아이가 좋아하는 걸 포기하면서 공부하는 것보다 아이가 좋아하는 걸 끝까지 해내는 것이 더 중요할 것 같아요."

결국 민서는 태권도 4품까지 도전했고 그 결과 운동과 공부라는 두 마리 토끼를 모두 잡을 수 있었습니다. 저는 이 말에 많은 학부모님들에게 도움이 될 만한 지혜가 숨겨져 있다고 생각합니다.

사람들의 말에 휘둘리지 않고 아이가 원하는 것, 잘하는 것을 발견하고 그 도전을 응원하는 것이 무척 중요한데 부모 입장에서는 그렇게 하기가 어렵습니다. 더욱이 운동이라면 공부를 방해하는 요소라고 생각할 수 있습니다.

하지만 앞서 말씀드렸듯, 운동을 잘하는 아이들이 공부도 잘합니다. 지난 경험을 돌이켜보면 예외는 거의 없었던 것 같습니다. 욕심 있고 무엇을 하든 의욕적인 아이들이라면, 운동과 공부를 병행해도 성적이 떨어지지 않습니다. 그래서 저도 부모님들에게 자신 있게 말합니다. 아이들에게 운동을 시키라고 말이죠.

공부 체력은 끈기와 관련이 있다 ————

공부와 운동의 관계를 설명할 때 항상 언급하는 게 체력입니다. '공부 체력'은 끈기를 통해 만들어지는데, 이것은 하루아침에 생기는 게 아닙니다. 가끔 단기간 운동을 해서 체력을 키우려는 아이들도 있는데, 하루 정도 효과를 볼 수는 있겠지만 다음 날이면 제자리로 돌아오는 게 다반사입니다.

힘이 들고 변화가 없는 것처럼 느껴져도, 흔들리지 않고 끝까지 운동하면 몸이 변합니다. 근성이 필요한 거죠. 공부도 그렇지 않을까요? 꾸준히 자기 페이스대로 공부한 학생이 좋은 성적을 얻기 마련입니다.

문제집을 하루에 한 권씩 푼다고 해서 성적이 갑자기 오르는 마법 같은 일은 일어나지 않습니다. 마음먹은 대로 공부가 잘 풀리지 않더라도 끝까지 포기하지 않고 책상 앞을 지키는 아이들의 성적이 결국에는 올라갑니다. 이것이 바로 '공부력'이라는 거죠.

저는 '공부력'의 토대가 바로 체력이라고 생각합니다. 체력, 근성이 있는 아이들이 목표한 바를 달성할 확률이 다른 친구들보다 훨씬 높습니다.

06 운동하면 집중력이 정말 좋아지나요?

운동은 체력뿐만 아니라 집중력 또한 키워줍니다. 체력만 좋다고 해서 성적이 오르지는 않습니다. 공부력에 필요한 것은 바로 집중력이니까요. 이러한 집중력은 평소 몸의 근육을 잘 쓰기만 해도 쑥쑥 오른다는 사실, 알고 계신가요?

운동을 반복하면 집중력이 높아진다 ──────

물론 아이들이 근육의 움직임을 느끼면서 운동의 참맛을 아는 데에는 한계가 있습니다. 시간도 정해져 있고, 운동의 깊이를 느끼기보다는 운동 그 자체에 재미를 느끼는 아이들이 더 많죠. 하지만 아이들은 운동을 반복하면서 자연스럽게 집중력을 기르게 됩니다.

상담사례 **산만한 아이가 운동하면 달라지는 것들**

집중력이 유난히 약한 현석이라는 아이가 있었습니다. 현석이는 오래 앉아서 무언가 하는 걸 어려워하고 한시도 몸을 가만히 두지 않는 아이였습니다. 항상 손에 뭔가를 쥐고 만져야 하고, 조금만 지루해도 누워서 몸을 배배 꼬거나 체육관을 뛰어다니곤 했습니다. 의외로 이런 아이들이 꽤 있습니다. 몸을 한시도 가만두지 않는 유형이죠.

이런 아이일수록 처음에는 운동에 집중하지 못합니다. 현석이 또한 내키는 대로 행동해서 운동을 가르치기가 어려웠습니다. 이럴 때 저는 아이가 어떤 움직임을 갖는지 살펴보는 게 중요하다고 생각합니다. 아이가 운동할 반경과 위치를 잡아줄 수 있기 때문이죠. 그래서 하루는 현석이의 움직임을 가만히 지켜봤습니다.

산만한 아이는 운동 공간을 지정해주자 ───

현석이의 움직임을 관찰해보니 체육관을 온몸으로 쓸고 다니고 있었습니다. 체육복이 까맣게 될 정도로 구르고 뛰고 만지고…. 기운이 넘치고 움직임이 다른 아이들보다 활발한 아이들에게는 공간을 지정해주어야 한다는 걸 새삼 느꼈습니다. 처음에는 현석이에게 자리를 지정해주고, 그 안에서만 놀도록 한 다음 조금씩 공간을 제한하면서 움직임을 살펴보았습니다.

그랬더니 현석이의 태도나 행동이 조금씩 바뀌기 시작했습니다.

공간의 의미를 알고 운동을 하면서 자기 행동을 스스로 객관화하게 된 것이죠. 현석이 부모님 역시 이런 변화를 보고 놀라워했습니다.

어떤 아이도 하루아침에 바뀌지는 않습니다. 운동을 가르치는 지도자나 부모가 포기하지 않는 것이 중요합니다. 조금씩 물들이듯이, 차근차근 이끌어준다는 생각으로 접근하면 아이도 부모도 마음이 한결 가벼워집니다. '아이를 바꾸겠다'가 아니라 '조금씩 물들인다'는 생각은 부담도 덜하고 스트레스도 없겠지요? 마치 식물에 물을 주듯, 아이에게 한걸음씩 다가가는 노력을 해보세요.

운동을 통해 자기 조절 능력과 학습 집중력을 키운다 ────

산만한 아이는 시간과 양을 정확하게 지정해야 합니다. 아이가 집중할 수 있는 환경을 만들고, 아이의 학습 수준에 알맞은 공부 양을 정해야 합니다. 어린아이일수록 집중력이 약합니다. 집중할 수 있는 시간이 5~15분 정도밖에 되지 않습니다. 초등학생도 20~30분 내외에 불과한데, 산만한 아이는 시간이 더 짧겠죠? 우선 이러한 사실을 인정해야 합니다. 그리고 학습량을 조절하고 아이가 집중할 수 있을 만큼 시간 계획을 세워야 하죠. 이렇게 공부 습관을 만들면서 아이의 집중 시간을 조금씩 늘려가는 것입니다.

07 놀기만 하는 아이들이 공부를 잘할 수 있을까요?

아이들에게 "공부가 어떠니?" 하고 물으면 의외로 반응이 다양합니다. 어떤 아이는 재미있다고 하고 어떤 아이는 지루하다고 하죠. '짜증 난다', '괴롭다', 심지어 '악몽 같다'고 하는 친구도 있습니다.

똑같은 공부인데 이처럼 공부를 바라보는 시각이 다른 이유는 무엇일까요? 바로 아이들이 갖고 있는 관점 때문입니다. 어떤 아이는 공부가 모르는 것을 배우는 즐거운 시간일 수 있지만, 다른 아이에게는 모르는 것을 억지로 해야 하는 활동일 수 있습니다.

공부에 대한 관점이 다르다

어떤 아이에게는 공부가 놀이인 반면, 어떤 아이에게는 벌이 될 수도 있습니다. 공부를 바라보는 시각이 다른 것이죠. 공부나 운동이나 마찬가지입니다. 아이가 재미있다고 느끼게끔 해야 합니다. 특히 운동과 놀이는 신나고 재미있지 않다면, 아이들 입장에서는 해야 할 이유가 전혀 없는 활동입니다.

운동, 놀이를 좋아하는 아이들은 몰입하고 있는 것이 느껴집니다. 누가 불러도 듣지 못 하고 그 시간을 온전히 즐기죠. 그렇게 한 가지에 푹 빠져서 놀아본 아이들은 다른 것에도 곧잘 흥미를 느끼고 빠져듭니다. 배우고 즐기는 기쁨을 경험한 아이들은 자신만의 흥밋거리를 금세 찾기도 하지만 성취도 역시 높습니다.

상담사례 좋아하는 것을 해야 성취도가 높다

주명이는 항상 운동을 열심히 하는데 몸으로 표현하는 걸 어려워했습니다. 그래도 참 밝고 활달한 아이였습니다. 표현은 어설프지만 즐기는 모습이 인상적이었습니다. 이렇게 즐길 줄 아는 아이는 방법만 제대로 알려주면 얼마든지 운동과 친해질 수 있습니다. 덩달아 집중력도 좋아지죠.

한때 유행했던 '스걸파'라는 프로그램 아시나요? 소녀들이 춤을 추는 오디션 프로그램인데 여기 나온 아이들은 체형이나 신체 조건을 떠나서 춤을 너무나도 사랑하고 즐기는 모습을 보여주었습니다. 춤에 푹 빠져 있는 소녀들의 몸짓은 경이롭기까지 했습니다.

매사에 적극적인 아이들이 공부도 잘한다 ————

저는 그 프로그램을 보면서 이 아이들은 분명 마음만 먹으면 공부도 잘할 거라는 확신을 가졌습니다. 왜냐하면 자기가 좋아하는 걸 적극적으로 즐기는 아이들은 학업 성취도 역시 높을 수밖에 없거든요.

흔히 '천재는 노력하는 사람을 이길 수 없고, 노력하는 사람은 즐기는 사람을 당할 수 없다'고 합니다. 무엇이든 즐거운 마음으로 하는 아이들의 성취도가 높다는 건 이제 새삼스러운 이야기도 아닙니다. 이런 아이들은 공부든 운동이든 태도 역시 무척 좋습니다. 적극적이고 주도적이죠.

08 즐기면서 하는 운동이 효과도 좋다

아이들에게 "즐겨! 즐기면서 해!"라는 말씀을 하는 부모님들이 있습니다. 얼핏 들으면 이런 말이 응원이 되고 힘이 될 것 같습니다. 그런데 왜 아이는 표정이 어두울까요?

저는 운동이 무서워요

"사랑아, 사범님이랑 이야기 좀 할까?"

하루는 체육관에 다니는 사랑이라는 아이와 상담을 했습니다. 사랑이는 체육관에서는 활발히 뛰어노는데 부모님이 오면 경직되는 모습을 보였습니다. 그럴 때마다 부모님은 사랑이의 긴장을 풀어주려고 꽤 애를 쓰셨습니다.

"사랑아, 즐기면서 해. 사랑이 표정이 왜 이렇게 어두워."

문제가 무엇일지 한참 고민했습니다. 그러다가 알게 되었죠. 부모님이 밖에서는 사랑이에게 즐기면서 하라고 하지만, 집에서는 운동을 잘하라고 '압박'을 하고 있다는 사실을요. 한참 이야기를 나누는데 사랑이가 말했습니다.

"집에 가면 엄마가 왜 운동을 그것밖에 못하냐고 뭐라고 해요. 열심히 하면 성과가 더 좋아질 텐데 그러고…."

그 순간 저는 아차 싶었습니다. 사랑이는 운동을 좋아하는 아이인데, 엄마 아빠 표정을 보면 긴장해서 운동을 못하는 거였어요. 어린 나이에 얼마나 부담이 되었을까요.

즐기라고 말로만 그러는 건 아닐지

부모님들은 아이에게 즐기라고 말합니다. 하지만 정작 부모님들은 즐기면서 아이를 바라보지 않는 거죠. 잔뜩 긴장한 채 아이의 경기를 바라보면서 순위에 아쉬워하고, "괜찮아. 다음에 잘하면 되지…." 하고 말은 하지만 얼굴 가득 실망한 표정이 보이면 어떨까요? 당연히 아이에게는 이것이 마음 깊이 상처로 남습니다.

우리 주변에는 이런 부모님들이 꽤 많습니다. 자신은 삶을 즐기지 못하면서 아이들에게는 즐기라고 하는 경우죠.

사실 교육 환경의 문제이기도 합니다. 우리 교육은 늘 평가하는 교육입니다. 아이들 각자의 능력에 초점을 맞추는 게 아니라 다른 아이와 견주어서 비교하고 평가하는 방식입니다. 예를 들어서 농구에서 수행평가시험을 보면 골대에는 슛을 쏴서 몇 점을 넣었는지를 보고, 줄넘기는 1분간 몇 개를 했는지 평가하는 식이죠.

아이가 얼마나 노력했는지, 처음보다 실력이 얼마나 늘었는지는 중요하지 않습니다. 얼마나 남보다 잘했는지가 중요하죠. 이는 비단 운동 분야에만 국한되는 게 아닙니다. 아이들이 학교에서 수행하는 대부분의 활동이 이러한 기준으로 평가되곤 합니다.

아이들이 노력하게 하려면 어쩔 수 없다?

"아이들을 평가하기 위한 기준은 있어야 하지 않을까요? 그래야 아이들이 더 노력하기도 할 테고요."

물론 틀린 말은 아닙니다. 다만 우리나라의 교육이 지나치게 평가에 치우쳐 있다 보니 여러 가지 혼란스러운 일들이 일어나는 것 같습니다. 한 예로 아이들이 학교에서 하는 활동이 꼭 시험을 위한 활동처럼 되었죠.

몇 년 전부터 아이들 사이에 수영 바람이 불었습니다. 지금은 보편적이지만 몇 년 전만해도 수영을 배우는 것이 참 어려웠습니다. 그런데 요즘은 부모님들이 수영은 거의 필수처럼 여기죠. 학교에서 '생존수영' 과정이 생기고부터입니다.

생존수영 과정을 살펴보면 약 3주 과정인데요. 일주일에 두 번 수업을 합니다. 생존수영이기 때문에 영법을 배우는 것이 아니라

물을 대하는 태도와 응급상황에서 필요한 대처 능력을 배우는 것에 주목적이 있습니다.

지역마다 지자체센터 중심으로 수영장이 운영되다가 어느새 동네마다 수영학원들이 생겼습니다. 평가를 하는 것도 아니고 줄을 서서 수영할 줄 아는 아이, 수영을 못하는 아이로 구분하다 보니 수업이 제대로 운영되기가 쉽지는 않습니다. 잘하는 아이들은 자유롭게 수영도 하고 배우기도 하는데 사전에 생존수영을 배우지 않은 아이들은 한 시간 내내 물장구만 치다가 끝난다는 이야기가 들려오기도 합니다.

비단 수영만의 문제는 아닙니다. 요즘은 줄넘기 학원도 있습니다. 줄넘기 학원이라고 하면 이상하죠? 10년 전만 해도 줄넘기 학원이라고 하면 "줄넘기를 돈 내고 배워?" 하는 반응이었죠. 별걸 다 배우는구나 했지만, 지금은 줄넘기 전문학원이 생기고 유소년을 상대로 하는 생활체육지도사 과정에도 줄넘기 과목이 있습니다. 줄넘기 국가대표가 있는가 하면 대학교에 줄넘기학과가 신설되기도 했습니다.

줄넘기 학원도 학교 수행평가로부터 시작되었습니다. 비교적 쉽고 정확하게 개인의 능력을 측정하기에는 줄넘기 만한 운동이 없습니다. 물론 줄넘기는 성장기 아이들에게도 좋은 운동입니다. 하지만 평가를 위해 배우는 운동이라면 아이들이 처음부터 반감을 가질 수도 있습니다.

운동이나 체육활동만큼은 평가에서 벗어나 아이들에게 흥미와 재미를 줄 수 있어야 합니다. 평생 쓸 몸의 토대를 만드는 시기인 만큼 몸을 올바르게 쓰는 습관을 들일 필요가 있습니다. 그러기 위해서는 우선 운동이 즐거워야죠.

공부든 운동이든 평가가 있어야 발전하고 부족한 부분을 채울 수 있습니다. 하지만 가장 중요한 것은 아이의 '마음'입니다. 정말 아이에게 교육이 필요하다면 아이가 배우고 싶게 만들어야 합니다. 무조건 지시하고 시키는 것이 아니라 아이가 진짜로 재미있게 느끼거나 아이가 스스로 필요하게 느낄 수 있는 강력한 동기가 있어야 합니다.

"물고기를 낚아주지 말고, 물고기 낚는 법을 알려주어라."

자녀교육을 공부할 때 참 많이 듣는 말인데요. 생각해볼 것은 방법이 아니라 동기입니다. 아이가 물고기를 낚고 싶어 하거나 물고기를 낚아야 할 이유가 있어야 합니다. 동기나 목적이 정해진 후에 방법이 필요한 거죠.

자신이 원하면 아이들은 더 빨리 습득합니다. 아이에게 운동을 어떻게 가르칠까보다 아이가 운동을 어떻게 좋아할까로 접근하세요. 공부도 마찬가지입니다. 아이 인생에 꼭 필요하다고 여긴다면 아이가 부모가 시켜서 마지못해 하는 것이 아니라 즐길 수 있도록 해주세요. 그러기 위해서는 제대로 즐기는 법을 익히는 것도 필요합니다. 내 몸을 자유롭게 쓰고, 내가 원하는 대로 움직이고 이를 통해서 느끼는 성취감은 분명 공부뿐 아니라 다양한 부분에서도 아이에게 도움이 될 것입니다.

상담사례 체육관 심사가 부담스러운 아이

수영, 야구, 농구, 축구는 레벨 테스트가 있고 태권도, 합기도, 유도, 검도는 승품 또는 승단 심사가 있습니다. 테스트를 통과하기 위해서는 운동 실기 능력을 갖춰야 하는데요. 테스트는 대부분 아이들의 부족한 부분을 채우기 위해 하지만 때로는 냉정하게 평가해서 아이가 현 단계에 머무르면서 숙련도를 쌓도록 하거나 실력이 너무 부족하면 탈락시키기도 합니다.

"영어, 수학시험도 스트레스인데 아이가 운동까지 평가받으면 너무 스트레스가 심할 것 같아요. 아이가 즐기는 마음으로 했는데 이제는 부담이 돼서 너무 힘들어 해요."

아이가 심사를 너무 힘들어한다고 한 어머니가 상담을 요청하셨습니다. 저는 부모님들에게도 아이가 즐기는 것이 중요하다고 늘 강조해왔습니다. 그런데 아이가 즐기지 못하고 테스트에 지나치게 부담감을 느끼고 있으니 뭔가 잘못된 게 아닌가 걱정이 되셨던 겁니다.

즐기는 것은 운동의 동기와 목적을 찾기 위해서입니다. 여기에서 한걸음 더 나아가 실력을 키우려면 때로는 부담감을 이겨내며 고통을 감수해야 하죠. 이건 공부도 마찬가지입니다. 놀이 수학, 놀이 영어 등 초기에는 학습의 비중을 줄이고 흥미 위주로 접근합니다. 대부분의 아이들이 재미있어하지만 차츰 난이도가 높아지고 학습 분량이 많아지면 거부감을 표현하는 아이들이 생깁니다. "재미없어요. 힘들어요." 이때 아이가 힘들어한다고 해서 그만두면 발전할 수 없습니다.

심사도 마찬가지입니다. 아이가 꾸준히 해온 운동인데 시험을 앞두고 일정 기간 집중해야 하는 것을 부담스러워한다면 아이에게 포기하기보다는 도전할 수 있도록 격려해주세요.

'못 할 것 같다'는 생각은 아이의 판단이에요. '어려울 것 같아. 나만 불합격할 것 같아….' 시험은 아무리 준비를 철저히 해도 부담스럽기 마련이고, 나보다 잘하는 사람이 있을 수 있어요. 틀리기도 하고 맞기도 하지만 이런 평가가 두려워 피한다면 자신의 실력을 제대로 알 수 없습니다. 그렇기 때문에 아이들이 아무리 좋아하는 운동이라도 때때로 평가는 필요한 거죠.

저는 평가가 중심이 되거나 평가를 위한 운동은 반대하지만 아이가 즐겁게 배우고 익힌 운동이 어떤 수준인지 알아야 발전한다고 생각합니다. 매일 한 시간씩 운동을 하고, 매일 한 시간씩 공부를 하면 실력이 늘까요? 그냥 그 시간을 보낸다고 해서 학습 성취도나 운동 능력이 향상되는 것이 아닙니다. 제대로 해야 하는 거죠. 특히 학습은 내가 아는 부분을 계속 공부하는 것보다 내가 모르는 부분을 깨우치는 게 중요합니다. 그렇다면 내가 무엇을 알고 무엇을 모르는지 알아야겠죠.

요즘 '메타인지'라는 말이 많이 쓰입니다. 운동은 아이들의 메타인지 능력을 키워줍니다. 몸으로 직접 움직이기 때문에 맞았는지 틀렸는지 눈으로 확인할 수 있습니다.

제가 가르치는 태권도장에서는 승품 심사를 통해 아이들이 품띠나 검은띠를 취득하는데요. 이 날을 위해 아이들이 약 2개월간 특별 수련을 합니다. 이렇게 수련을 마치고 승품 심사를 보는 아이들은 심사를 보고 나면 행복해하면서도 아쉬워해요. "사범님, 저 두 개 틀렸어요.", "이번에는 하나도 실수하지 않고 잘한 거 같아요." 스스로 평가하며 자신의 실력을 가늠합니다.

한 연구 결과에 따르면 시험을 잘 본 그룹과 시험을 못 본 그룹을 나누어 시험결과를 물어보면 시험을 잘 본 그룹은 자신의 예상 점수를 정확하게 파악하는 반면에 시험을 잘 못 본 그룹은 점수를 제대로 알지 못한다고 합니다. 무엇이 맞았는지 틀렸는지, 즉 자신이 알고 있는 부분과 모르고 있는 부분을 파악하지 못하는 것이죠.

심사를 보는 아이들도 꾸준히 연습하고 심사를 대비했기 때문에 자신이 어떤 부분을 제대로 했고, 어떤 부분에서 실수를 했는지 그 긴장되는 순간에도 기억을 하는 것입니다. 운동을 통해 즐기기만 하고 전혀 부담을 느끼지 않았다면 아이는 메타인지 능력을 얻지 못했겠지요.

처음에는 재미를 통해 흥미와 동기를 부여해주고, 시간이 지나고 익숙해지면 아이에게 크고 작은 테스트를 합니다. 이를 통해서 아이가 부족한 부분을 채워 나갈 수 있는 교육을 하는 것이죠.

심사가 부담스럽지 않은 아이는 없습니다. 매번 '도망가고 싶다. 그만두고 싶다'는 아이들이 한둘은 나옵니다. 그런데 걱정과는 달리 아이들은 결국 연습한 것을 잘해내고 불안한 마음을 확신으로 바꿉니다. 심사가 끝나면 행복해하고 재미있었다고 말하는 아이들을 자주 봅니다. 아이들은 단지 어려운 것을 하기 싫어 하는 게 아니라 해보지 않아서 두려울 뿐입니다. 아이가 두려움을 이겨내고 노력에 대한 보상을 얻을 수 있도록 든든한 조력자가 되어주세요.

09 외부 활동을 하지 않는 게 더 안전할까요?

코로나19로 아이들의 삶도 많이 달라졌습니다. 외부활동이 제한되고 실내에서도 마스크를 써야 하니 불편함이 이만저만이 아닙니다. 특히 운동을 좋아하는 아이들은 많이 답답했을 거예요. 친구들을 만나는 것도 체육관이나 운동장에서 운동하는 것도 제한이 되었으니까요.

저 역시 체육관에서 아이들이 자유롭게 뛰어노는 모습을 보지 못해서 아쉬웠습니다. 최근엔 다행히 거리두기가 완화되어 아이들과 부족하게나마 함께할 수 있게 되었습니다. 참 감사한 일입니다.

부모님들 중에는 이런 시기일수록 아이를 집에서 보육하는 것이 낫다고 말씀하시는 분도 있습니다. 백신을 맞은 아이들이라고 해도 접촉을 자주 하면 코로나에 다시 걸릴 수 있을 거라고 걱정하시는 거죠.

아이들의 정서 지수가 낮아지고 있어요! ────

물론 코로나에 걸리지 않도록 조심하는 것은 중요합니다. 특히 성인에 비해서 몸이 약한 아이들은 더욱 주의하고 신경을 써야겠죠. 다만 외부활동을 모두 차단하고 집에만 머무르게 하는 것은 바람직하지 않습니다. 아이들의 정서지수가 떨어질 수 있기 때문입니다. 실제로 부산여성가족개발원의 조사에 따르면, 거리두기로 인해 영유아들이 상호작용이 사라짐으로 인해 아이들의 언어발달은 물론, 사회성이 현저히 떨어졌다고 합니다.

부모님들은 거리두기로 인해 아이들을 체육관에 보내는 게 좋은지, 아니면 집에서 아이들을 당분간 교육하는 게 좋은지 저에게 의견을 묻습니다.

제 생각에 앞서 현실적인 문제를 짚어보고 싶습니다. 아이들이 밖에 나가지 않고 집에 있다 보면 미디어 접촉 빈도가 높아집니다. 유튜브로 자극적인 영상을 보는 경우가 대표적이죠. 또 또래 친구들과의 상호 교감이 없이 방 안에만 있다 보니 아무래도 사회성이 떨어지는 경향이 생깁니다.

그래서 저는 일상생활에서 놀이는 끊임없이 계속되어야 한다고 생각합니다. 체육관에 보내지 않더라도 아이들이 공공 장소에서 친구들과 만나 신나게 뛰어노는 건 필요한 일이라는 뜻이죠.

제 주변을 보면 코로나 때문에 외부활동을 줄였는데 오히려 아이의 성격만 거칠게 바뀌었다고 하소연하는 부모님들도 많습니다. 실내에만 있고 친구들과 교감이 없는 아이들, 몸으로 움직이는 활동이 없는 아이일수록 이런 성향이 더 커질 수 있다는 점을 기억해야 합니다.

놀이와 긍정어의 관계

아이들이 체육관에서 뛰어놀아야 하는 이유 중 하나는 '언어 습관'과 관계가 있습니다. 몸을 쓰며 노는 것이 언어 습관과 무슨 상관이냐고 생각하는 분들도 있을 텐데요. 아이들을 지도하다 보면 의외로 영향이 크다는 생각을 자주 하게 됩니다.

영국의 극작가 윌리엄 셰익스피어는 "세상에 절대적으로 좋거나 나쁜 것은 없다. 우리의 생각이 그렇게 만드는 것뿐이다"라고 했습니다. 어떤 상황이 와도 이를 어떻게 해석하느냐가 중요하다는 뜻인데요. 저는 언어도 이와 같다고 생각합니다.

긍정어를 쓰는 아이, 부정어를 쓰는 아이

아이들이 세상을 바라볼 때 긍정어를 더 많이 쓰도록 가르치는 것은 어른들의 몫입니다. 하지만 요즘은 유튜브 같은 미디어를 통한 자극적인 콘텐츠로 인해 아이들의 언어 습관이 점점 더 거칠어지고 있습니다. 욕설이나 거친 표현을 쓰는 초등학생 아이들을 만나면 저 역시 가슴이 철렁해지곤 합니다. 하지만 이런 현상이 일어나는 이유를 자세히 살펴보는 게 중요합니다.

우리 뇌는 부정어를 더 잘 기억하기 때문에 부정어로 세상을 보기 시작하면 뇌는 자극을 받아서 점점 더 부정적인 생각으로 물들기 시작합니다. 한 실험에서 긍정어와 부정어를 각 50개씩 작성한 카드 100장을 실험 대상자들에게 보여주고 암기하도록 했는데, 그 결과 부정어가 긍정어보다 훨씬 더 오래 기억에 남았습니다.

아이들에게 긍정적인 언어 습관을 키워주려면 부모와 자녀의 대화 패턴을 들여다봐야 합니다.

"너 아까처럼 못된 짓 또 할래?"

"넌 엄마 말을 왜 이렇게 안 들어?"

아이와 대화를 하다 보면 무심결에 날카로운 말이 튀어나오기도 합니다. 감정이 격해지면 부모도 사람이라 의도하지 않은 말로 아이에게 상처를 주는 때가 있죠. 중요한 것은 과격한 언어에 대해서 사과하고 아이의 마음을 헤아려주는 것입니다. 물론 아이가 잘못한 일에 대해서는 단호하고 정확하게 지적해주어야겠죠. 이때도 목소리를 높여 야단치기보다는 호흡을 가다듬고 차분히 말하는 것이 필요합니다.

부모의 생각을 부정어가 아닌 긍정어로 표현하면 아이들에게 긍정적 사고방식을 심어줄 수 있습니다. 아이가 아침에 일어났을 때나 밥을 먹을 때, 화가 났을 때 등 다양한 상황에서 자녀와 대화하는 내용을 잘 떠올려보고 혹시 부정어로 이뤄진 대화를 하지는 않는지 살펴보세요.

한 가지 더, 부부 간의 대화가 아이에게는 교과서라는 걸 꼭 기억하세요. 엄마와 아빠의 부정적인 단어 사용은 아이들 심리에 영향을 주고 아이가 부정어를 쓰는 데 영향을 줍니다. 어른들에게는 일상적인 말일지 몰라도 아이들은 예민하게 받아들이고 스트레스를 받을 수 있습니다. 사소한 언행이라도 아이들의 눈높이에서 먼저 생각해주세요.

PART 2

초등 공부 체력의
골든 타임

**시기와 방법에 따라
운동 효과가 달라진다**

01 운동은 뇌를
활성화시킵니다

일리노이 대학교 힐먼 교수팀이 '20분 동안 가만히 앉아 있게 한 그룹'과 '20분간 걷기를 한 그룹' 두 개의 그룹으로 실험을 했습니다. 20분이 지난 뒤 각 그룹 참가자의 뇌 활성화 사진을 찍어서 확인한 결과, 20분 동안 가만히 앉아 있게 한 그룹보다 걷기를 한 그룹이 뇌 혈류량과 온도가 높았습니다.

뇌가 활성화된다는 말은 뇌가 많은 기능을 수행한다는 의미입니다. 학습의 경우 학습량을 더 많이 소화하고 축적할 수 있다는 말이죠. 특히 많은 지식과 정보를 습득해야 하는 아이들에게 뇌의 활성화는 무척 중요합니다.

유산소 운동을 통해서 공부하는 뇌를 만든다 ————

운동을 하면 심박수가 증가합니다. 심장에서 피와 산소를 빠르게 온몸으로 뿜어냅니다. 이렇게 온몸에 피가 돌면서 뇌의 혈류량도 늘어나는데, 뇌세포 역시 증가하게 됩니다. 공부할 수 있는 좋은 환경이 만들어지는 거죠.

그럼 아이에게 언제 운동을 시키는 것이 공부 체력을 키우는 데 효과적일까요? 한참 공부에 집중해야 하는 시기와 아이들이 성장하며 뇌의 가소성이 높아지는 시기입니다. 늦은 때는 없습니다. '운동을 언제 시작하냐', '공부를 언제 시작하냐'보다 더 중요한 것은 '얼마나 오래 지속하냐'입니다.

모든 전문가들이 입을 모아 하는 말은 운동을 통해 뇌가 활성화된다는 것입니다. 그런데 우리는 공부를 하기 위해 운동을 그만둡니다. 정말 학습 능력을 높이고 싶다면 아이에게 꾸준한 운동 습관을 잡아주어야 합니다.

02 운동을 안 하던 아이가 잘 적응할 수 있을까요?

"아이들을 언제 운동시켜야 하나요?"

이런 고민을 하는 부모님들이 많습니다. 앞서 말씀드렸던 것처럼 성장기인 '지금'이 가장 좋은 때라고 할 수 있습니다. 다만 운동하기 가장 좋은 타이밍이라는 건 없습니다. 공부든 운동이든 아이들마다 알맞은 때가 있다고 생각합니다. 운동을 배우는 게 편안하고 즐거운 아이들이 있는가 하면, 새로운 걸 시작하거나 모르는 걸 배우는 게 마냥 어려운 아이들도 있습니다. 때가 맞지 않으면 아이도 부모도 힘이 듭니다. "남들 다 좋아하는 운동을 왜 너만 싫어하니?", "남들 다 하는 공부를 왜 너만 안 하려고 하니?" 하고 아이를 다그치고 상처 주게 되죠.

새로운 걸 적극적으로 받아들이는 아이들은 문제가 되지 않습니다. 문제는 낯선 것에 경계심이 많고 받아들이기 어려워하는 아이들입니다. 그래서 아이들이 처음 유치원에 가거나 초등학교에 입학할 때, 부모님들이 걱정을 많이 하죠.

"민석이가 체육관을 다니고 싶대."

한 친구가 전화를 걸어서 아들 이야기를 했습니다. "보내면 되지 뭐가 걱정이야?" 하고 대답했는데, 어떤 체육관에 보내면 좋은지 좀 알려달라는 겁니다. 보통 아이가 원하지 않는 상황에서 운동을 보내려 한다면 일단은 아이와 근처 체육관을 다니며 한번씩 경험해보라고 권합니다. 하지만 아이가 먼저 가고 싶다고 했으니 "민석이한테 물어봐."라고 말해주었습니다.

수화기 너머로 들리는 민석이 엄마의 목소리가 어쩐지 시무룩했습니다. 사실 민석이는 같은 반 여자 친구가 다니는 체육관을 가고 싶다고 했는데 민석이 엄마는 남자 친구와 어울리는 게 좋을 것 같아서 고민이 되었던 것이었습니다. 늘 민석이가 운동도 안 좋아하고 여자아이들과 어울려 걱정이라고 했거든요. 그런 아들이 운동을 시작한다고 스스로 말하니 좋으면서도 또 여자 친구가 다니는 체육관이라 걱정이 되었던 겁니다. 저는 운동을 좋아하지 않는 아이가 선택을 했다면 일단 존중해주라고 조언을 해주었습니다.

하루 정도 우리 아이가 운동에 적합한지 한번 시작해보고 선택하고 싶다고 하면 체육관에서도 이해해줍니다. 아무리 권해도 꿈쩍

하지 않던 아이가 무언가 해보고 싶다고 하면 먼저 응원과 지지를 해주세요.

상담사례 낯가림이 심한 아이가 운동으로 좋아진 경우

집에서는 기운차고 적극적인데 밖에 나가면 소극적인 아이들이 있습니다. 소희 역시 그런 아이였습니다. 집 안에서는 말도 잘하는데 밖에서는 유난히 낯을 가려 소희 어머니가 답답한 마음에 찾아왔습니다. 운동을 하면 다른 아이들처럼 활달해질까 싶어서였죠.

소희 친구들 중에도 운동하는 아이들이 많았습니다. 어머니는 또래들과 함께하면 좋겠다는 생각에 소희를 체육관에 데려온 것이었습니다. 그런데 예상치 못한 문제가 생겼습니다. 소희가 거부감이 심한 거예요. 운동이 맞지 않는 건지, 아니면 두려움 때문인지 알 수 없지만 소희는 완강했죠.

"소희를 달래서라도 운동을 보내야 할까요? 아니면 운동은 아이에게 맞지 않는다고 생각해야 할지…. 답답하네요."

저는 소희 어머니의 고민을 충분히 이해할 수 있었습니다. 이런 경우, 아이는 어떻게 하면 즐겁게 운동을 시작할 수 있을까요?

부모 생각이 중요하다 ————

소희 같은 아이는 부모님이 어떤 생각을 심어주느냐가 중요합니다. 특히 운동을 대하는 마음가짐에 큰 영향을 미치죠. 아이가 운동을 처음 받아들일 때의 태도는 대부분 부모님 말에 따라 달라지거든요. 일단 아이가 운동을 하고 싶어 했을 때 열에 아홉은 비장하고 대단한 각오로 오는 경우예요.

"이거 배우면 저기 형아처럼 씩씩해져."

남자아이들은 부모님이 동기 부여를 하려고 이렇게 말하는 경우가 많습니다. 그러면 일단 아이는 기가 죽습니다. 해본 적도 없는데 부모님의 기대가 지나치게 높으니 잘할 수 있을지 걱정되기 시작합니다. 이때 아이 기분은 어떨까요?

운동이 하기 싫고 부담스럽습니다. 왜냐하면 자기가 잘할 수 있다는 자신감이 없는 상태이기 때문입니다. 하기도 전에 운동이 싫어지는 첫 번째 이유입니다.

소희도 집에서나 유치원에서는 말을 잘 듣는 아이인데 처음 경험하는 운동은 왠지 잘 못할 것 같은 생각이 들었습니다. 역시나 수업 때면 긴장도가 높았고, 수업 시간마다 울음을 터뜨리곤 했죠.

아이들마다 다르긴 하지만 보통 이런 경우는 불안감과 긴장감이 평소에 높아서입니다. 일상생활을 잘하던 아이가 갑자기 운동이 싫다고 하거나 유치원에 안 간다고 하는 경우, 학부모님들은 무척 걱정합니다.

그럴 때 저는 일단 운동을 잠깐 쉬어보라고 합니다. 대신 아이가 운동에 흥미를 갖고 즐겁게 느낄 수 있는 '놀거리'를 하나 만들어주라고 하죠. 직접 하지 않더라도 운동 경기를 보거나 가벼운 레저 활동으로 체험해보면 운동을 즐겁게 받아들이는 환경이 조성됩니다.

특히 아이들은 멋진 프로 선수의 경기를 보면 '나도 저렇게 되고 싶다'는 마음을 갖게 되기도 합니다. 물론 모든 부모는 아이가 꿈을 키우길 바라는데요. 어떤 아이의 경우 부모의 과도한 기대가 오히려 독이 되기도 합니다. 부모가 "와, ○○○야. 너도 저 선수처럼 될 수 있어"라고 하면 아이는 속으로 '저렇게 하려면 힘들겠다'라고 생각한다는 말이죠.

어떤 아이들은 나이가 어려도 자기 능력을 꽤 정확하게 판단합니다. 어떻게 보면 어른보다 현실적이죠. 그런 아이들은 부담을 갖고 지레 겁을 먹습니다. 프로 선수가 될 건 아니니 긴장하지 말라고 해도 소용이 없습니다.

운동과 공부는 아이가 평생 만나는 좋은 친구처럼 대해야 합니다. 만약 친구를 만나는 게 부담스럽고 어렵다면, 아이는 그 친구를 멀리하게 되겠죠?

 전문가의 TIP!

아이가 처음 운동할 때는 소그룹 운동을 추천드립니다. 소그룹 운동은 친구들과 함께 단체 줄넘기를 하는 것처럼 여럿이 운동하는 걸 뜻합니다. 수업으로 인해 아이가 가질 수 있는 긴장감이나 부담을 덜어줄 수 있습니다.

03 우리 아이에게 맞는 운동을 어떻게 찾을 수 있을까요?

아이가 배 속에 있을 때부터 생기는 궁금증입니다. 부모는 아이가 태내에서 발차기를 하는 걸 보고 '이 녀석이 나중에 축구선수가 되려나' 생각하기도 하고 아이가 조금이라도 빠르게 말을 배우면 '언어 천재인가?' 하고 생각하기도 합니다. 어쩌면 아이에게서 우주를 보고 꿈을 키우는 게 부모인지도 모르겠습니다.

운동을 처음 시킬 때 부모도 몰랐던 재능이 아이에게서 발현되면, 당연히 기대감이 생깁니다. 우연히 아이가 운동하는 모습을 보고 선수로 키워야겠다고 마음먹는 부모님도 있습니다. 그렇기 때문에 더더욱, 처음 운동을 시킬 때는 어떤 종목을 선택해야 하는지 고민됩니다.

상담을 하다 보면 부모님들에게 다음과 같은 말을 무척 많이 듣습니다.

"우리 아이가 운동신경이 너무 없어요."

"왜 이렇게 몸 쓰는 게 서툴까요?"

저는 이런 질문을 드리고 싶습니다. 아이 적성에 맞는 운동이 따로 있을까요? 누가 시키지 않아도 아이가 스스로 재미를 붙이면서 운동신경을 키울 수 있는 그런 운동이요. 또 운동신경은 타고나는 것이라고 하는데 정말일까요?

상담사례 운동신경이 없는 아이가 좋아질 수 있을까요?

민우라는 아이가 있었습니다. 워낙 약하고 근력도 부족해서 늘 축 쳐져 있곤 했는데 운동신경을 떠나서 몸이 둔했습니다. 공을 던질 때도 기운이 없고 달리기를 해도 뛰는 둥 마는 둥 했습니다.

아이들이 아주 어릴 때는 이런 모습이 크게 눈에 띄지 않습니다. 부모님도 그냥 그러려니 하죠. 하지만 초등학생이 되면 아이들은 서로 비교를 하게 됩니다. "쟤, 뭔가 뛰는 게 이상한데?", "좀 웃긴 것 같아!" 하고 말입니다. 친구들에게 놀림을 받거나 짓궂은 말을 들으면 아이가 위축되기 시작합니다.

운동신경은 타고나기만 하는 것은 아닙니다. 노력하기에 따라 일정 수준 이상의 운동신경을 가질 수 있습니다. 즉 후천적으로 생기기도 하는 거죠.

민우처럼 몸에 힘이 원래 없는 아이들도 있습니다. 하지만 대부분 운동을 통해 교정할 수 있습니다. 저는 아이들이 근력을 키워야 할 때 몸에 힘을 주는 연습을 시킵니다. 보통은 부상을 예방하기 위해 몸에 힘을 빼고 자연스럽게 움직이라고 하는데요. 몸이 약하거나 폼이 엉성한 친구는 자연스럽게 움직이라고 하면 자세가 안 나오는 경우도 있습니다. 이럴 때는 몸에 힘주는 법부터 배워야 합니다.

몸에 힘주는 법 배우기 ────

몸에 힘을 주기 시작하면 일단 아이의 허리가 펴집니다. 힘이 들어가는 느낌을 알게 됩니다. 저는 민우가 이런 경험을 하도록 도와주고 싶었습니다.

"민우야. 이렇게 힘을 주는 거야."

제가 먼저 시범을 보이면 민우가 저를 따라 하게 했습니다.

자녀가 운동신경이 없어서 고민인 부모님을 보면 대부분 아이들이 몸에 힘이 없는 경우입니다. 그래서 걷거나 달릴 때도 몸이 동동 뜨는 것처럼 보이죠. 그럴 땐 어떻게 하면 좋을까요? 발바닥에 힘을 주면서 누르듯이 걸으라고 가르쳐주세요. 마치 걸음마를 다시 배우는 것처럼요.

아이가 운동신경이 너무 없다면 운동 자체를 거부할 수 있습니다. 친구들처럼 잘 안 되니까 싫기도 하고, 운동에 두려움을 가질 수도 있죠. 하지만 체질이 그렇더라도 연습을 통해서 얼마든지 바뀔 수 있습니다. 그러니 운동을 포기하지 말고 조금 더 일찍 접하도록 기회를 주는 것이 중요합니다.

공부는 어떨까요? "원래 머리가 좋지 않아요", "나는 공부는 틀렸어요"라고 말하는 아이들이 있습니다. 왜 그렇게 생각하냐고 아이에게 물어보면 해도 안 된다는 거예요. 공부를 해도 이해가 안 되고 그러니 자꾸 공부하기 싫고 머리가 나쁜 자신이 싫다는 것입니다. 이해는 됩니다. 나름 노력했다고 생각하는데 결과가 나오지 않으면 답답하고 속상할 수밖에 없습니다.

공부도, 운동도 나에게 맞는 것이 있습니다. 〈뭉쳐야 찬다〉라는 프로그램을 보면 자기 종목에서 뛰어난 국가대표 선수들이 축구경기를 합니다. 국가대표는 일반인과 다른 신체 조건을 가졌음에도 축구공에 앞에서는 어쩔 줄을 모르고 헤매는 모습을 보입니다. 자기 종목에서는 날고 기던 사람들인데 말이죠. 이처럼 나에게 맞는 공부법이 따로 존재합니다. 다음과 같은 방법을 실천해보세요.

첫째, 좋아하는 마음을 갖는다.
둘째, 공부든 운동이든 자신에게 맞는 스타일을 찾는다.
셋째, 찾았다면 꾸준히 습관이 들도록 해본다.

우리 아이가 자신에게 맞는 운동, 공부법을 찾도록 도와주세요. 공부든 운동이든 아이에겐 평생 친구가 되어야 하니까요.

04 운동을 하면
나쁜 걸 배우지는 않나요?

형, 오빠들과 함께 운동시키는 법 ————

체육관에는 또래들만 있는 게 아닙니다. 형이나 오빠들처럼 선배들도 있습니다. 자녀가 자기보다 나이 많은 아이들과 어울리는 경우, 부모님들이 걱정하는 경우가 많습니다. '혹시 우리 아이가 잘못된 문화에 물들면 어쩌나' 하고 말이죠.

유치부 아이들의 부모님들은 더 고민이 많습니다. 유치원에서는 보통 두 살 차이가 나는 것이 고작인데 체육관에서는 대여섯 살 차이가 나는 언니 오빠들과 함께 있어야 할 때도 있으니까요. 당연히 부모님 입장에서는 혹시라도 치이지는 않을까 신경이 쓰일 수밖에 없습니다.

더구나 함께 어울리면 행동뿐 아니라 언어 습관도 영향을 받습니다. 요즘은 아이들이 나쁜 말이나 행동을 어른보다 더 빠르게 배우기도 하죠. 부모님들의 걱정은 너무나도 당연한 것이라고 할 수 있습니다.

상담사례 나쁜 언어 습관을 운동으로 고친 경우

"짜증 나 죽겠어!"

사랑이는 집에 올 때마다 입버릇처럼 이렇게 말했습니다. 전에는 이런 말을 쓴 적도 없고 집에서도 이런 말을 쓰는 사람이 없는데 운동하고 나서부터 사랑이의 말버릇이 안 좋아졌습니다. 부모님은 혹시 체육관에서 언니 오빠들을 보면서 배운 게 아닌가 걱정이 되었습니다.

'에이, 저 정도 말도 안 하는 초등학생이 어디 있어요?'

이렇게 생각하는 분도 있을 겁니다. 하지만 집에서 전혀 비속어나 상스러운 말을 쓰지 않는 부모님들은 이 정도 말에도 깜짝 놀라서 전화를 합니다. 저에게 격하게 항의하는 부모님들도 있었습니다. 아이가 아직 학교에도 가지 않는 유치원생인데 거친 말을 사용한다고요. 저 역시 아이를 키우는 입장이다 보니 당황스럽고 걱정되는 상황이라고 생각합니다.

"운동하라고 보냈더니 순 나쁜 것만 배우고 온 것 같네요."

간혹 이런 말씀을 하는 부모님들도 있습니다. 속이 상하기도 하지만 한편으로는 오해를 풀어드리고 싶습니다. '운동하면 언어 습관이 나빠진다'는 건 부모님들의 편견입니다. 특히 체육관에서는 바깥에서보다 훨씬 정제된 언어를 사용하도록 지도하니까요. 태권도 체육관의 예절 수업이 얼마나 엄격한지 아는 부모님들은 이런 말씀을 하지 않습니다. 문제는 체육관 밖입니다.

체육관에서 바른 말을 쓰던 아이들도 일단 체육관을 벗어나면 고삐 풀린 망아지가 되고는 합니다. 친구들이 비속어나 욕을 하는데 나만 그런 말을 안 쓰면 바보가 된 것처럼 보이거나 스스로 나약해 보여서 따라 하는 경우도 있습니다. 왠지 그런 말을 써야만 친구들과 잘 어울릴 수 있다고 생각하는 아이도 있습니다. 어떤 아이는 강하고 거친 말을 하면 멋져 보인다고 생각하기도 합니다.

이런 아이들은 의외로 체육관 안에서는 스스로를 자제하고 말도 아끼는 편입니다. 다만 무의식적으로 비속어가 튀어나오는 경우가 가끔 있습니다. 평소 말버릇이 안 좋은 아이들은 이를 숨길 수 없죠. 자기도 모르게 기분이 나쁘면 '씨이' 하면서 입을 비죽거리거든요. 그러면 저는 그 순간을 놓치지 않고 아이에게 말해줍니다.

"형이 그러면 동생들이 따라 하니까 그런 말투를 쓰면 안 돼. 불만이 있으면 어떤 게 마음에 안 드는지 얘기해주면 좋겠어."

제가 이렇게 말하면 대부분 아이들은 수긍합니다. 올바른 언어 예절을 지켜야 한다는 게 이제 몸에 밴 것이죠. 체육관에서는 언어 습관이 대체로 잘 통제되는 편입니다. 나쁜 말이나 행동을 배우는 아이들은 거의 없습니다.

그런데 사랑이의 경우는 저 역시도 매우 당황스러운 사건이었습니다. 그래서 이유가 뭘까 한참 고민했습니다.

"아, 짜증나 죽겠어"는 사랑이와 같이 운동을 하는 형이 했던 말이었습니다. 체육관에는 따로 대기실이 있지 않아서 수업을 기다리는 아이들은 뒤편에 앉아 놀면서 시간을 보냅니다. 이때 한 초등학생 형이 휴대폰에 온 스팸 문자를 보고 저도 모르게 툭 말을 내뱉은 것이었습니다.

휴대폰 사용량이 많아지고 수시로 게임이나 SNS를 하다 보니 아이들은 정제되지 않은 언어와 자극적인 상황에 노출되곤 합니다. 지금은 체육관에 들어오면 개인 바구니에 휴대폰과 자신의 짐을 두고 꺼내지 못하게 합니다. 이 시간만이라도 아이들이 신체 활동에만 집중할 수 있도록 합니다.

사랑이에게는 대체어를 알려주었습니다. "힘들어, 속상해"라는 말로요. 아이가 비속어를 쓴다면 "누가 그런 말 쓰래. 어디에서 배웠어!"라고 다그치기보다는 아이가 무엇을 표현하려는지 봐주세요. 그리고 무조건 제재하지 말고 왜 그런 말을 쓰면 안 되는지, 그런 상황에서는 어떤 말을 써야 하는지 정확하게 알려주세요.

최대한 자극적인 상황에 노출되지 않는 게 가장 중요 ────

제가 운영하는 체육관은 클래스별로 아이들의 연령 차이가 크지 않습니다. 대개 유치부와 저학년이 함께 운동을 하고 저학년이 고학년과 함께 운동하는 등 연령에 따라 구분합니다.

하지만 아이들을 아무리 잘 통제해도 학교나 체육관 밖에서 무의식적으로 사용하는 말이 저도 모르게 나올 수 있잖아요. 유치부의 경우, 이런 언어 습관이 행동에 자극을 주는 경우가 많습니다. 이미 배운 걸 고치기는 매우 어렵기에, 이때에는 최대한 자극적인 상황에 노출되지 않도록 해주는 게 중요합니다.

더욱 중요한 건 아이들에게 분별력을 키워주는 것 ———

'나쁜 말과 행동을 아는 게 나쁜 건 아니다. 하지만 그게 나쁜 줄 알면서 쓰는 건 잘못된 것이다.'

아이들에게 이것을 분명하게 가르쳐주어야 합니다. 당연히 이런 분별력은 처음부터 생기지 않습니다. 그래서 저는 상황이 생길 때마다 아이들에게 자꾸 일깨워주려고 합니다. 주입식 교육이라고 해서 모두 나쁘지는 않습니다. 아이들이 꼭 해야만 하는 건 주입식으로 가르쳐주어야 정확하게 이해하고 받아들일 수 있습니다.

특히나 안전과 폭력에 관한 문제는 단호할수록 좋습니다. 저는 아이들이 서로 때리거나 상처를 줄 때는 그 어느 때보다 엄격하게 "안 돼!"라고 말합니다. 그리고 마찰이 생긴 아이들을 불러서 서로 때리거나 상처 주는 것이 왜 잘못된 것인지, 상대방이 어떤 기분이 들었을지 알려줍니다.

물론 체육관에 오는 아이들이 모두 나쁜 말을 쓰지 않고 행동이 반듯하다고 할 수는 없습니다. 이곳 역시 하나의 작은 사회이고, 여러 가지 일이 생길 수 있으니까요. 하지만 그 어떤 공간보다 아이들이 분별력이 생기도록 지도하고 아이들이 최대한 더 좋은 환경에 노출되도록 주변을 통제하고 있는 것만큼은 분명합니다. 태권도가 강하고 거친 종목이라는 선입견 때문에 체육관에 오는 아이들도 그럴 것이라고 오해하는 분들이 있는 것 같습니다.

05 무기력한 아이, 어떻게 해야 하나요?

무얼 해도 무기력한 아이들이 운동으로 변하는 경우 ————

요즘 아이들은 어렸을 때부터 공부에 치입니다. 웬만한 아이들은 학원을 다니기 때문에 얼굴 보기가 힘들죠. 체육관에 오는 아이들도 표정이 모두 밝지만은 않습니다. 공부에, 시험에 지친 얼굴입니다. 그중에서도 유난히 무기력해 보이는 아이들이 있습니다. 지나치게 힘들어 보이는 아이, 무기력해 보이는 아이들은 어떻게 운동하면 좋을까요?

> **상담사례** 운동으로 짜증병을 극복한 아이

"다른 집 아이들처럼 말썽 한 번 피운 적 없는 아인데…."

저에게 상담을 받으러 온 부모님이 눈물을 글썽였습니다. 남부럽지 않게 키운 아이, 속 한 번 썩인 적 없는 자녀가 갑자기 말을 듣지 않고 무기력증에 빠졌다는 것입니다.

"무슨 말만 하면 돌아오는 대답이 '힘들어', '하기 싫어'예요. 내 배 아파 낳은 자식이 맞나 싶을 정도예요. 사춘기 때문일까요?"

민경이는 힘들어 죽겠다는 말을 입에 달고 다니며 짜증이 부쩍 늘었다고 합니다. 원래 그러지 않았는데 갑자기 짜증을 내는 이유가 있을까요? 그런가 하면 "못해, 해줘"라는 말도 자주 쓴다고 합니다. 직접 해보지도 않고 무엇이든 부모에게 부탁해서 해결하는 것입니다. 아무것도 하기 싫고, 무기력해하는 민경이에게 필요한 건 무엇일까요?

세상에 완벽한 사람은 없지만, 내 아이만큼은 잘 키우고 싶은 게 부모 마음입니다. 아이가 먹는 것부터 입는 것, 배우는 것 하나까지 부모는 늘 최선의 선택을 하려고 노력합니다.

처음에는 아이가 부모의 이런 노력에 부응하기라도 하는 듯, 반듯하게 자라고 공부도 곧잘 하는데요. 어느 순간 갑자기 태도가 180도 돌변하기도 합니다. 그럴 때 부모님의 반응은 한결같습니다.

"우리 애가 어려서는 안 그랬는데 크면서 갑자기 바뀌었어요."

과연 아이가 돌변한 걸까

아이가 돌변했다고 고민을 토로하는 부모님이 많습니다. 부모님은 달라진 아이를 어르고 달래보거나, 때로는 야단을 치고 화를 내는 등 갖은 노력을 합니다. 하지만 아이는 크게 달라지지 않습니다. 오히려 의욕을 점점 잃더니 쉽게 지쳐버리고 맙니다. 도대체 뭐가 문제일까요?

말끝마다 "하기 싫어, 못해"라고 부정적인 말을 쏟아내는 아이와 아이를 설득하기 위해 애를 쓰는 부모. 중요한 것은 짜증 내는 태도가 아닙니다. 아이가 정서적으로도, 성적과 체력에도 빨간 불이 켜졌다는 사실입니다.

여기서 부모님이 반드시 이해하고 넘어가야 할 것이 있습니다. 아이들은 초등학교 입학을 기점으로 몸과 마음이 말 그대로 '폭풍 성장'한다는 것입니다. 이 시기를 거치면서 몸과 마음이 단단해져야 하지만 아이들은 오히려 반대입니다. 이때 나타나는 대표적인 증상이 바로 '무기력'입니다.

부모는 갑자기 행동이 바뀐 아이가 이해가 안 가지만, 아이 입장에서 생각해보면 답이 나옵니다. 아이는 난생 처음 '힘든 일'을 겪고 있는 것입니다. 해야 할 것은 많아지는데 제대로 할 수 있는 게 없다는 데서 오는 무력감이 바로 그것입니다.

학교와 학원을 쳇바퀴처럼 돌고 있는 아이일수록 이러한 무기력감을 쉽게 느낍니다. 몸과 마음의 체력이 바닥난 상태일 때, 이런 무기력감이 찾아옵니다.

이때 아이에게 필요한 건 무엇일까요? 아이가 무기력감을 느끼는 맥락을 잘 살펴보면 답이 숨어 있습니다. 처음으로 무언가 한계에 부딪쳤다는 것, 그리고 거기에서 체력의 한계를 느낀다는 것, 바로 이것이죠.

요즘 애들은 체력이 약할까?

한번 같이 생각해볼까요? 해야 할 건 많은데 몸 상태는 이걸 제대로 해낼 수 없습니다. 체력이 피로를 이겨내지 못하는 것입니다. 이와 동시에 자기 문제를 스스로 감당하고 해결할 마음의 체력도 부족한 상태입니다. 물론 이것은 아이의 관점에서 생각한 것이고 어른들의 해석은 다릅니다. 반대로 해석하곤 하죠.

"그래. 맞아! 요즘 애들은 부모들이 다 해주고 자기 힘으로 하질 않으니 몸도 마음도 너무 약해."

"애들이 유리멘탈이야. 체력이 아주 형편없어."

문제는 체력이라는 걸 알고 있는데 이걸 보는 관점이 다른 것입니다. 아이의 부족한 체력을 키워주는 게 아니라, 오히려 체력을 타고난 것으로 보고 안타까워하는 것입니다.

하지만 초등학교 입학 무렵 아이들의 체력은 강하지 못한 게 정상입니다. 더욱이 요즘처럼 학교에서 체육수업 시간이 줄어들고, 학원과 학교 공부로 책상 앞에 앉아 있는 시간이 긴 아이들에게 강한 체력을 기대하는 건 무리입니다.

그런 아이들에게 체력을 키워야 하니 운동을 하라고 하면 아이들은 당연히 "안 그래도 힘든데 무슨 운동까지 하라고 해요" 하고 반발합니다. 부모님들 또한 지금은 한 가지라도 더 배우는 게 중요하니 운동은 나중에 시간 나면 하자고 미룹니다.

이게 바로 악순환의 시작입니다.

'내 아이가 운동선수 될 것도 아닌데 굳이 운동을 따로 시킬 필요가 있을까?'

아마 대부분의 부모님들이 이렇게 생각할 겁니다. 물론 이러한 어른들의 생각을 아이들도 모두 알고 있습니다. 아이들 눈치가 꽤 빠르거든요.

EBS 〈다큐프라임〉 프로그램에서 '번아웃 키즈'라는 편을 방송한 적이 있는데 지금도 생생하게 기억나는 장면이 있습니다. PD가 한 아이에게 꿈이 뭐냐고 물었습니다. 그런데 아이의 대답이 기가 막힙니다.

"아무것도 하기 싫고 되기 싫어요. 생각하기도 싫고, 생각할 시간도 없어요"

놀라운 대답이죠? PD가 왜 그렇게 생각하냐고 물었더니 더 재미있는 답변이 돌아옵니다.

"생각을 많이 하면 숙제를 다 못하잖아요."

또 다른 아이는 인터뷰 중에 이런 말을 합니다.

"학교 끝나고 학원 가는 게 힘들다고 하면 엄마가 버티래요. 버티면 성공한대요. 그래서 버티는 거예요."

저는 아이 말을 듣고 가슴이 체한 것처럼 답답해졌습니다. 세상이 살기 좋아졌다고 하는데, 아이들은 어쩐지 그 좋은 세상을 누릴 틈도 없어 보입니다. 꿈이 현실이 될 수 있다고 하지만 정작 아이들은 꿈을 꿀 시간조차 없는 거죠.

대부분의 아이들은 스마트폰을 만지작거리거나 문제집을 풀면서 매일 똑같은 하루를 보내고 있습니다. 시간에 쫓겨 더 많은 것을 경험하고 누리지 못하는 아이들을 보면 안타깝고 슬픕니다. 이런 삶이 올바른 것일까요?

아이들이 무기력한 것은 다 이유가 있습니다. 지금 아이들의 몸은 이렇게 말하고 있는 것입니다.

"하기 싫어요. 도저히 못하겠어요."

아이들의 아우성을 잘 들어보세요. 대부분의 아이들이 '몸이 힘들어요. 마음이 힘들어요' 하고 외치고 있습니다. 물론 부모님들도 인지하고는 있습니다. 아이들 몸과 마음에 체력이 필요하다는 걸 말이죠.

그런데 왜 아이의 체력을 키워주는 일을 자꾸 미루게 될까요? 왜 나중에 하면 된다고 생각하는 걸까요?

지금 아이에게 가장 필요한 것이 무엇인지를 놓치고 있기 때문입니다. 무기력증으로 몸과 마음의 건강, 성적을 모두 잃어가고 있는 아이들에게 가장 필요한 것은 체력입니다. 이것이 문제의 답이자 출발점입니다.

체력이 좋은 아이가 공부도 잘한다 ────

체력 좋은 아이가 공부도 잘하고 교우 관계도 좋습니다. 이미 수많은 학자들이 연구를 통해 밝혀낸 사실입니다. 많은 부모님들이 운동이 필요하다고 생각하지만, 일주일에 한 번 아이에게 운동을 시키는 것도 지속적으로 이루어지지 않는 경우가 많습니다. 이유를 물어보면 '시간이 없어요.'라는 대답을 가장 많이 듣습니다.

흔히 시간은 금이라고 표현합니다. 그만큼 시간의 가치가 귀하다는 건데요. 아이들의 입시를 바라보는 부모님에게는 절실하게 와 닿는 말이 아닐까 싶습니다.

시간이 부족하다고 생각하다 보니 모든 것이 공부, 성적에 집중될 수밖에 없습니다. '운동은 선수가 되거나 전공할 것도 아닌데 굳이 한참 공부하기도 바쁜 시기에 꼭 해야 할까?' 하고 미루게 되는 겁니다. 학원 수업에 보충이나 심화학습까지 하는 날에는 아이들이 밥 먹고 잠깐 앉아 쉬는 시간도 부족하니까요.

매일 지쳐 있는 아이를 보며, 운동을 시키는 것이 부담스럽기도 하고 좀처럼 시간도 나지 않으니 시작하지 못하는 거죠.

공부 시간이 길다고 해서 학업성취도가 높은 것은 아닙니다. 중요한 것은 '얼마나 책상 앞에 오래 앉아 있느냐'보다 '얼마나 몰입해서 공부하느냐'이죠. 공부의 질이 학업성취도를 좌우합니다.

그렇다면 정말 운동은 공부에 도움이 될까요?

운동을 통해 체력을 키우면 시간과 땀에 대한 보상이 찾아옵니다. 몸과 마음에 근육이 붙는 거죠.

아이들이 체력을 키우려면 몸에 근육이 필요합니다. 근육을 만들려면 신체가 체력의 한계를 넘어서 120%까지 힘을 끌어올려야 합니다. 윗몸 일으키기나 스쿼트 같은 운동을 예로 들어볼까요? 이런 운동을 잘 하려면 어떻게 해야 하는지 우리 모두는 알고 있습니다. '정말 더 이상 못하겠다' 싶은 순간에 한 개를 더 하는 것입니다. 또 하루만 하고 그만두는 게 아니라 꾸준히 노력해야 비로소 근육이라는 것이 생깁니다.

땀과 시간을 쏟지 않으면 근육은 절대 만들어지지 않습니다. 비단 몸뿐만 아니라 마음의 근육에도 마찬가지로 적용되는 원리입니다. 우리가 중요하게 생각하는 공부도 마찬가지입니다.

노력과 인내를 경험한 아이, '단 한 개'의 차이를 아는 아이가 공부를 잘합니다. 끈기 있게 공부하는 습관, 힘들어도 배우고 깨달을 때 희열을 느낄 수 있는 아이. 운동을 통해서 자기 스스로 성취의 기쁨을 누려본 아이는 몸뿐 아니라 마음도 단단해집니다. 이런 아이는 공부는 물론 어떤 일을 할 때도 목표와 의지를 갖고 임할 수 있습니다.

공부를 하기 싫어하고 미루는 아이들의 특징은 몸과 마음의 체력이 부족하다는 것입니다. 그러니 자꾸만 쉽게 지치고 하기 싫습니다. 어떤 것을 해도 시작하기도 전에 포기하든지, 열심히 하지 않고 대충 하는 척만 합니다.

아이의 미래가 걱정되는 부모님은 아이에게 호통칩니다.

"너는 왜 이렇게 매사에 열심히 못해!"

"욕심을 갖고 끝까지 해내란 말이야!"

아무리 다그쳐도 몸과 마음에 힘이 없는 아이들은 부모님의 말이 그저 잔소리로 느껴질 뿐입니다. 그러다 보니 부모님이 무슨 말만 해도 화를 내거나 피해버리는 겁니다.

어떻게 하면 이런 악순환의 고리를 끊어낼 수 있을까요? 그리고 아이가 체력도, 공부력도 만들 수 있을까요?

아이에게 자립심을 키워주세요 ————

저는 그 힘의 원천으로 딱 하나를 강조합니다.

'아이 스스로 해낼 수 있는 힘을 길러주시면 됩니다.'

어른들은 컨디션이 좋지 않거나 정신적으로 지치면 제대로 일을 하지 못하죠. 아이들도 마찬가지이고, 성장 중인 아이들은 더더욱 그러합니다. 이 점을 충분히 공감해주어야 합니다. 매일 힘들다고 하는 아이, 무기력한 아이를 탓하지 말고 근본 원인을 찾아서 해결해주세요.

이렇게 무기력한 아이들이 체력을 키우는 방법은 무엇일까요? 아이의 체력을 길러주겠다고 결정한 부모님들은 우선 '헬스클럽' 또는 '체육관'을 검색합니다. 운동을 시킬 때도 학원 고를 때와 비슷한 생각으로 접근합니다. 속성으로 빠르게 체력을 키워줄 수 있는 전문가를 찾습니다. 하지만 정말 중요한 것은 몸을 제대로 쓰는 습관을 들이는 것입니다. 운동의 종류나 종목을 정하는 것은 그 다음 문제입니다.

운동을 시작한 지 얼마 안 된 사람이 근력을 빨리 키우겠다고 20킬로그램짜리 덤벨을 들어 올리면 어떻게 될까요? 몸이 다치거나 사고가 날 수 있습니다. 무거운 덤벨을 들려면 기본적인 근력이 있어야 합니다.

재미있는 것은 힘이 세고 근력이 좋은 사람이 무조건 체력과 근육을 키울 수 있는 것은 아니라는 거예요. 근육을 키우는 건 무게가 아니라 바로 운동 자세입니다.

기초체력의 바탕은 '좋은 습관'

마찬가지로 아이들의 기초 체력을 만드는 건 습관입니다. 막상 아이에게 운동을 시키려고 보면 고민이 됩니다. 어떤 운동을 시켜야 할지, 운동을 시킨다면 얼마나 오래 시켜야 할지 등등 생각할 것이 많습니다. 또 운동을 시켰는데 성적에 극적인 변화가 없으면 부모님은 걱정합니다. 괜히 공부할 시간만 뺏기는 게 아닐까 하고요.

아이 체력을 키우려면 부모님이 꼭 챙겨줘야 할 것이 있습니다. 저는 그걸 네 가지로 정리하는데요. 바로 운동과 영양, 수면, 습관입니다.

체력을 기르기 위한 필수 요소 ————

첫째, 매일 같은 시간에 운동을 해야 합니다.

둘째, 매일 같은 시간에 세끼를 먹고 골고루 영양 섭취를 해야 합니다.

셋째, 매일 같은 시간 동안 충분하게 잠을 자야 합니다.

네 가지가 필요하다고 했는데 왜 세 가지만 이야기했을까요? 네 번째 요소는 각 항목에 이미 들어가 있습니다. '매일', '같은 시간'이라는 말은 습관에 관한 내용이죠. 좋은 습관을 아이가 체득하게 하기 위해서는 꾸준함이 필요합니다. 또 일정하게 반복되는 패턴이 있어야 합니다.

"선생님, 누가 그걸 모르나요. 하지만 할 일이 산더미인데 어떡해요?"

부모님들이 가끔 저에게 이렇게 묻습니다. 매일 숙제 봐주기도 버겁고, 이것저것 챙기기도 힘들다고요. 규칙적인 생활 습관을 잡는 게 말처럼 쉬운 거냐고 따져 묻는 분들도 있습니다.

아이들의 생활 패턴을 잡는 게 힘들어요! ————

아이들의 생활 패턴이 어른과 다르기 때문에 습관화하는 것이 어렵다는 게 많은 부모님들의 고민거리입니다. 저 또한 세 아이를 키우며 맞벌이를 하고 있기 때문에 충분히 이해가 됩니다. 누구에게 아이를 맡길 여건이 안 되다 보니 육아 환경이 녹록치 않죠.

저는 늘 아이들의 입장에 서서 먼저 생각해봅니다. 아이들은 부모가 완벽하길 바랄까요? 저는 그 반대라고 생각합니다. 아이에게 있어 부모는 완벽하길 바라지만, 아이는 부모에게 완벽을 요구하지 않습니다. 아이들도 잘 알고 있습니다. 부모 또한 많이 실수한다는 것을요.

이렇게 생각해보면 어떨까요? 아이들에게 '얼마나 많은 것을 해주었는지'보다 '가장 중요한 것을 해주었는지'를 되묻는 거죠. 열 가지, 백 가지를 베풀어주는 부모 대신 아이에게 꼭 필요하고 아이가 원하는 걸 주는 부모인지 한번 생각해보면 어떨까요?

운동하는 뇌와 공부하는 몸은 다르지 않습니다 ————

"운동하느라 온 힘을 다 빼서 그런지 숙제한다고 앉아서 꾸벅꾸벅 졸고 있어요. 한창 공부할 시기인데 운동은 그만 시켜야겠어요."

부모님 마음은 이해가 됩니다. 그런데 정말 운동 때문일까요? 운동을 하느라 힘을 빼서 공부할 체력이 없는 것이 맞을까요?

운동은 원래 힘듭니다. 힘든 경험을 통해서 체력이 생기죠. 아이가 운동을 하고 지치는 건 당연합니다. 그런데 아이는 운동 후에 제대로 휴식을 취하지 못하고 학교에서 학원으로, 학원에서 학원으로 옮겨가며 공부합니다. 시간을 아끼기 위해 가까운 거리도 차량을 타고 이동합니다. 안전이 걱정된다고 하지만 안전보다 아이가 체력적으로 힘들어하는 것을 부모가 못 참는 경우가 많습니다.

공부 잘하는 아이들은 걷거나 달리기를 생활화합니다. 의자에 오래 앉아 있으면 근육통과 척추측만증으로 고생하기 쉽습니다. 움직여야 하는 시기에 한 가지 자세로 오래 있다 보니 몸이 굳게 되죠. 틈틈이 걷거나 스트레칭 등으로 몸을 풀어주면 뇌가 원활하게 작동되고 공부 능력이 오릅니다.

운동 후 아이가 피곤해한다면 적절한 영양소를 공급해주고 휴식 시간을 주세요. 체력이 오르는 과정일 뿐 운동 때문에 아이가 공부에 방해를 받지는 않습니다. 오히려 오래 공부하는 습관을 들이기 위해서는 아이가 오래 앉을 수 있는 엉덩이 힘을 기르는 공부체력이 더 필요합니다.

아이러니한 자녀 교육의 세계 ————

아이를 가르치면서 느끼는 게 자녀 교육의 세계는 참 아이러니하다는 것입니다. 나도 못하는 것을 아이에게 하라고 해야 할 때도 더 많고, 아이에게 더 낫고 올바른 것이 무엇인지를 계속 말해주어야 하니까요.

우리 모두는 완벽하지 않은 존재입니다. 그럼에도 불구하고 부족한 부분을 개선하려는 노력이 있어야만 발전할 수 있는 거겠죠. 저 역시 부족한 점투성이인 엄마입니다. 하지만 아이들에게 "엄마가 부족하니까 이렇게 노력할게"라고 말해주고 있습니다.

이 책을 읽는 분들도 "이제는 늦었다"라고 말하기보다는 "지금부터 다시해보자"라는 생각으로 아이들을 대해보시면 어떨까요? "늦었다. 틀렸다."는 부정적인 생각을 하지 말고 같이 해보자는 이야기입니다.

 전문가의 TIP!

천 번 말해서 한 번 수정해도 괜찮아요!

자녀 교육에는 완성도, 왕도도 없죠. 매일 매일이 다른 자녀 교육에 정답이 있다고 말하는 건 의미가 없습니다. 저조차 아이의 수면 패턴을 잡기 위해 아직도 노력 중이니까요. 하지만 아이에게는 반복이 더욱 중요합니다. 천 번을 말해서 한 번이 고쳐진다면, 아이에게 시도할 만한 가치가 있습니다. 아이들이 개선될 것이라는 믿음을 갖고 계속 해나가야 합니다.

06 어떻게 하면 아이에게 좋은 습관을 만들어줄 수 있을까요?

자녀 교육의 가장 중요한 원칙은 수면과 영양, 그리고 운동입니다. 이 원칙은 아이가 잘 자라는 데 꼭 필요한 요소라고 해도 과언은 아닙니다. 그런데 대부분의 부모님들은 이걸 어떻게 챙겨줘야 할지 정확히 말하지 못합니다. 방법이 어려워서가 아니라 한 가지가 빠졌기 때문입니다.

바로 습관을 바로잡는 '생활계획표'입니다.

아이를 키우면서 일일이 계획표를 짜서 움직이기란 매우 어렵습니다. 계획대로 잘 되지 않기 때문입니다. 그럴 때는 먼저 큼직큼직하게 아이의 패턴을 나누어보면 됩니다. 예를 들어서 자는 시간은

언제인지, 먹는 시간은 언제인지, 그리고 운동을 매일매일 하고 있
는지, 하고 있다면 운동시간은 충분한지 등을 말이죠. 정확하게 시
간대별로 나누어지진 않아도 이렇게 아이가 생활하고 있다면 잘하
는 겁니다.

그다음은 공부하는 영역을 들여다봐야죠. 교과 영역을 봅니다.
많은 부모님들이 지금 아이가 공부를 못한다고 해서 '우리 아이는
공부머리가 좋지 않은가 보다' 하고 금방 포기합니다. 그런데 아이
가 지금 공부를 조금 못한다고 해서 따라가지 못할까요? 어쩌면 너
무 부모가 속단을 하는 건 아닐까요?

아이가 공부를 못하는 이유 ————

아이가 공부를 못하는 이유 중 하나는 생활 습관이 무너졌기 때
문입니다. 생활 습관이 무너지면 공부 습관도 잡을 수 없죠. 공부든
운동이든 어떤 일을 할 때 가장 중요한 것이 바로 체력이니 운동도
빼놓을 수 없습니다.

운동이든 공부든 규칙적으로 해야만 안정감을 느낄 수 있습니다.
요즘 아이들의 일정은 너무 빡빡하고 복잡합니다. 아이들이 어른보
다 더 바쁘다고 느낄 정도니까요. 최대한 많은 걸 가르쳐주고 싶은
부모의 마음과 또 이것저것 흥미를 느끼는 아이들의 마음은 십분
이해합니다. 하지만 무엇을 배우든 배운 걸 제대로 발휘하는 게 더
중요합니다. 그러기 위해서는 기본기를 잘 닦아두어야 합니다. 기

본을 닦기 위한 가장 좋은 방법은 무엇일까요?

바로 규칙적인 생활 습관 만들기입니다.

이것은 체력을 키우는 데 있어서도 매우 중요합니다. 이렇게 말하면 '너무 당연한 거 아니냐'고 하실 분도 있을 겁니다. 당연한 것이 가장 어렵기도 하죠. 어떤 아이들은 규칙을 잡아주려고 하면 "힘들다", "못 하겠다"고 무기력해지는 경우도 많습니다. 이런 아이들에게 생기와 활력을 되찾아주는 것은 수면과 영양, 그리고 운동을 토대로 한 규칙적인 생활입니다.

특히 아이의 삶에 활력을 불어넣으려면 가장 기본적인 루틴이 중요한데요. 한 가지만 제대로 습관을 들여놓으면 성장 과정에서도 아이에게 커다란 유익이 될 수 있습니다.

상담사례 활발한 성격인데 사회성이 부족한 아이

어느 날 체육관으로 전화 한 통이 걸려왔습니다.

"사범님, 찬혁이가 집에 와서 펑펑 울면서 친구들이 자기랑 안 놀아준다고 해요. 이럴 땐 어떡하죠?"

찬혁이 어머니의 목소리는 무척 다급했습니다. 먼저 다가가서 놀려고 했는데도 친구들이 따돌리는 건지, 아니면 찬혁이가 유독 친구들 사이에서 겉도는 건지, 겁이 난다는 거였어요. 엄마의 입장에서는 아이가 친구들과 어울리지 못하는 것만큼 가슴 아픈 일도 없습니다.

"글쎄요, 찬혁이가 체육관에서는 소외당하지 않는데, 이상하네요."

전화를 끊고 나서 가만히 생각해보았습니다. 찬혁이는 체육관에서 친구들과 정말 신나게 뛰어노는 아이거든요. 그런데 찬혁이 어머니는 왜 이런 말을 했을까요?

아이의 관점, 부모의 관점

엄마는 주로 아이의 관점으로 봅니다. 아이가 하는 말을 듣고 상황을 파악하는 거죠. 아이를 지도하는 입장인 저는 관점이 달랐습니다. 찬혁이는 왜 엄마에게 친구들이 안 놀아준다고 했을까요? 찬혁이가 그렇게 느끼게 되었던 결정적인 계기가 있었습니다.

찬혁이가 체육관에서 아이들과 어울려서 팀 게임을 할 때였어요. 보통 게임을 하다 보면 자연스럽게 게임을 주도하는 아이들이 생깁니다. 어른들과 마찬가지로 아이들도 그룹이 만들어지면 나서서 이끄는 아이가 있습니다. 그런데 한 아이가 게임을 주도하는 걸 보고 찬혁이 마음이 불편했던 모양입니다.

특히 피구 게임을 하던 중 공을 던지고 싶은데 자기에게만 공이 안 오는 것 같았습니다. 친구들은 서로 재미있게 주고받는 것 같은데, 자기만 놀지 못한다고 생각하니 기분이 상한 겁니다. 그러니 친구들이 나만 따돌린다고 오해할 법도 하죠.

이렇게 또래 관계에서 자기가 소외당한다고 오해하는 아이들이 생각보다 많습니다. 서로 동등한 위치에서 자연스럽게 어울려서 놀아야 하는데, 찬혁이는 누군가 자신에게 비위를 맞춰주기를 바랐던 것입니다. 그 이유가 무엇일까요?

과잉보호는 오히려 독이 될 수도 ————

여러분이 짐작하는 것처럼 집에서의 행동이 원인이었습니다. 부모님이 다 맞춰주니 찬혁이는 다른 사람의 마음에 나를 맞추는 법을 배우지 못한 것입니다. 찬혁이가 특별한 경우인 것 같지만, 생각보다 흔하게 일어나는 일입니다.

지나치게 아이를 보호하고 배려하는 것도 문제가 될 수 있습니다. 아무래도 사회성이 부족할 수밖에 없거든요. 이럴 때는 사회성을 키워주는 놀이를 하는 것이 좋습니다. 찬혁이의 경우 단체 운동을 더 많이 시키는 것이 좋겠다고 판단했습니다. 규칙을 지키면서 친구들과 어울리는 법을 배워야 하니까요.

공부는 잘하는데 세상 사는 법을 모르는 아이 ————

실습교사 시절이었습니다.

"이 선생님, 그 반에 영재가 있어."

당시 6세반 실습교사였는데, 선배 교사가 귀띔을 해주었습니다. 제 관점에서는 아무리 찾아봐도 영재가 없었습니다.

"도대체 누가 영재예요?"

그러자 선배 교사가 한 아이를 가리키며 말했습니다.

"민수가 영재잖아. 모르겠어?"

저는 정말 놀랐습니다. 민수는 반에서 친구들과 가장 못 어울리는 아이였습니다. 스스로 밥을 먹는 것은 고사하고 양말 하나도 제대로 신지 못했습니다. 기본적인 생활 습관이 전혀 안 잡혀 있었기에 영재라는 것은 상상도 못했습니다. 제가 근무하던 유치원은 놀이 중심으로 운영되는 곳이라 학습지가 있던 것도 아니니 더욱더 알 수가 없었습니다.

분수, 나눗셈을 하던 여섯 살 아이

아이가 영재라는 말을 듣고 나니 더 관심이 생겼습니다. 정말 다른지 한번 살펴보게 되었습니다. 하루는 아이가 문제집을 꺼내서 분수, 나눗셈 문제를 척척 풀었습니다. 친구들 앞에서 뽐내고 싶었던 거죠. '정말 잘 푸네.' 아이가 신기하고 대단하다고 생각했지만 그것도 잠시, 안타까운 마음이 들었습니다. 민수는 머리는 좋은데 몸을 쓸 줄 몰랐습니다.

여섯 살 아이가 기본적으로 해야 하는 것이 있습니다. 양말을 신거나 자기 옷을 정리하거나…. 기본 생활 습관은 굳이 가르치지 않아도 때가 되면 알아서 잘 할 거라고 생각할 수 있습니다. 그런데 아이는 그런 소소한 활동을 통해서 자신감을 얻고 자존감의 싹을 틔웁니다.

"해주세요. 못하겠어요."

민수는 무척 수동적이었습니다. 또래들은 풀지 못하는 문제를 쉽게 풀었지만 눈앞에 있는 기본 과제는 해결하지 못했습니다. 아이에게는 무척 속상한 일이었을 겁니다.

민수는 눈물이 많았는데, 이것은 다른 아이들보다 섬세하고 예민해서가 아니었습니다. 말로 표현할 수 없는 속상함이 터져 나온 것이었죠. 아이가 영재라 자랑스러워하던 어머니 모습과 다르게 늘 기죽어 있고, 눈물 많던 민수가 자주 생각납니다.

07 집 안에서는 활달한데 바깥 활동을 꺼려해요

아이가 집 안에서 보이는 모습과 밖에서 보이는 모습이 달라 고민하는 부모님들이 의외로 많습니다. 그럴 때 특히 엄마들은 '우리 아이가 혹시 너무 내성적인 건 아닐까' 고민합니다. 그런데 아이의 성향이 아닌 다른 것이 원인인 경우가 참 많아요. 특히 질문처럼 아이가 밖에서 뛰놀지 않는 상황이라면 다른 데 이유가 있지는 않나, 한 번쯤 생각해볼 필요가 있습니다.

시영이네 가족은 부모님이 참 다정했습니다. 맞벌이 가정이지만 부모님이 늘 아이와 함께 시간을 보내려 노력하고, 아이에게 최선을 다했죠. 아이는 집에서 부모님과 함께 재미있게 잘 놀고 웃음도 많습니다.

그런데 시영이는 놀이터만 가면 얼어붙어서 어쩔 줄을 몰랐습니다. 집 안에서 뛰는 것처럼 놀면 되는데 아이가 좀처럼 움직이지 않는 것이죠. 부모님은 이런 아이 모습에 당황했습니다. 답답한 마음에 아이 손을 이끌고 친구들에게 같이 놀자고 대신 말도 해주었습니다. 그렇게 어렵게 아이들과 붙여주었는데 아이가 조금 노는 것 같더니 조금 지나자 다시 집으로 가자고 아우성입니다. 이유가 뭘까요?

모든 걸 대신해주는 부모

'다른 아이들은 신나게 노는데 우리 아이만 왜 이럴까?'

'외동이라서 사회성이 없는 걸까? 운동신경이 없어서 운동을 싫어하는 걸까?'

시영이 부모님은 저에게 오기까지는 이런 고민을 했습니다. 아이가 하나이고 너무 가족끼리만 놀고 친구들과 어울릴 시간을 주지 않았나 싶어서 체육관에 아이를 데리고 오신 겁니다. 친구를 사귀면 놀이터에서 잘 놀겠다 싶은 거예요.

부모님의 이야기를 들으며 문제점을 파악했습니다. 엄마 아빠와 아이의 대화를 가만히 지켜보니 위계질서가 강하다는 생각이 들었습니다. 언뜻 수평적 관계처럼 보이지만, 실제 대화의 내용은 매우 수직적이었습니다.

예를 들어, 아이가 스스로 무언가를 하려 하면 부모님이 아이가 해야 할 것을 하나하나 대신 알려주는 식이었어요. 시영이가 물건을 가지고 놀려고 하면 시영이의 손을 잡고, "시영아, 이 물건은 이렇게 다루어야 해"라고 지시하거나, 시영이가 앉을 자리를 미리 정해서 "이 자리에 앉아야 해"라고 강요하는 식이었죠.

온화한 미소와 따뜻한 말투였지만 아이에게 해야 할 것을 지정해주었습니다. 그러면서 저와 이야기하는 내내 시선이 아이에게 향했고, 아이가 실수할 것 같으면 바로 부모님이 몸을 움직여 아이 대신 해주었습니다.

부모님과 아이가 체육관에 들어오면서 자리에 앉을 때까지의 상황을 지켜보며, 저는 '아이가 친구들과 어울리기 힘들겠구나' 하고 느꼈습니다. 아이는 부모님이 알아서 대신 다 해주다 보니 모든 걸 의존하게 된 것이죠.

사랑과 관심이라는 말로 아이의 경험을 빼앗는 부모 ─────

자녀를 셋이나 키우는 제 입장에서 보면 시영이 부모님의 모습은 매우 인상적이었습니다. 아이를 위하고 배려하며 사랑이 넘쳤습니다. 하지만 아이 입장에서는 세상에서 자립하기 위해 필요한 경험을 쌓을 기회를 빼앗긴 것이었습니다. 시영이에게 현실 속의 무질서함은 이해가 되지 않았을 겁니다. 아이의 관점에서는 당연한 일이지요. 다른 사람은 부모님처럼 친절하지도 않고 내가 원하는 대로 알아서 해주지도 않으니까요.

시영이가 힘들어하는 건 바로 이 점이었습니다. 그래서인지 운동을 시작하는 동안에도 적응이 참 어려웠습니다. 아이도 아이지만 부모님의 과도한 걱정이 지도자인 제가 느끼기에도 숨이 막힐 정도였으니까요.

"친구들이 안 놀아준다는데 우리 아이가 소외당하는 게 아닌지 걱정돼요."

시영이 부모님은 아이의 한마디 한마디에 온갖 상상을 다 하고 있었습니다. 저는 이런 경우 부모의 태도가 아이의 변화에 있어 가장 중요한 부분이라고 생각했기에 이렇게 말씀드렸습니다.

"시영이는 잘해낼 수 있어요. 부모님이 이렇게 사랑을 주시는데요. 다만, 아이가 스스로 할 수 있게 시간을 주세요."

결국 시영이는 모든 걸 처음부터 시작해야 했습니다. 누군가 만들어준 자존감이 아니라 아이 스스로 자존감을 느끼는 시간을 만들어가는 시간이었죠. 그렇게 시간이 흐르면서 결코 변할 것 같지 않은 시영이에게도 조금씩 변화가 찾아왔습니다.

"우와, 시영아! 정말 잘했어!"

저는 아이가 스스로 해낸 일은 놓치지 않고 칭찬해주었고, 아이는 스스로 뿌듯함을 느끼며 눈빛이 변했습니다. 3개월 후부터는 운동에도 자신감을 보였습니다.

때로 아이들은 이렇게 스스로 한 일에 칭찬만 해주어도, 자존감이 조금씩 회복됩니다. 시영이는 스스로 하는 일이 점점 많아졌고,

그렇게 혼자서 해내는 시영이의 모습을 보면서 시영이 부모님의 걱정도 많이 사라졌습니다.

아이의 실수와 실패 경험은 아이에게 중요한 자산입니다. 물론 실수와 실패를 거듭하도록 내버려두는 것은 바람직하지 않지만, 이러한 경험을 해보는 것이 아이의 삶을 건강하게 만듭니다.

상담사례 남자아이도 여자아이도 폭력은 안 돼요!

"남자애가 우리 딸을 때렸어요! 이건 명백히 학교 폭력이에요."

아이를 키우는 입장에서 아이들 다툼이 폭력으로 이어졌고 아이가 피해를 입었다면 참을 수가 없을 겁니다. 미진이 부모님도 그러했습니다. 신나게 하교해야 할 아이가 같은 반 남자아이에게 맞았다며 우는데 이성적으로 침착하기가 힘들었습니다. 남자아이가 여자아이를 때린 상황이었고 발로 배를 찼다는 말까지 나왔습니다. 어떤 부모가 진정할 수 있을까요?

미진이 어머니는 체육관에 전화해서 항의했습니다.

"체육관에 민수 다니죠? 사범님, 민수가 우리 애를 때렸어요."

미진이가 우리 체육관 수련생은 아니지만 체육관에 다니는 남자아이가 자신의 딸을 때린 게 괘씸하고 화가 나서 전화를 걸었다고 했습니다. 저는 일단 상황에 대해서 모르고, 아이 정보를 함부로 알려드릴 수 없으니 조금 더 알아보고 전화드리겠다며 부모님을 진정시켰습니다.

'민수가 왜 그랬을까?'

민수 집에 전화를 걸어 조심스럽게 물어본 기억이 납니다.

민수 부모님도 화가 잔뜩 난 상태였습니다. 미진이가 신발주머니로 수차례 민수를 때렸고, 하지 말라는데도 계속 건드려서 민수가 발로 미진이 배를 찼다는 겁니다. 미진이 신발주머니에 달린 장신구에 맞아서 민수는 눈두덩이가 시퍼렇게 멍이 들었고요.

누가 잘못했다고 생각하시나요? 둘이 똑같은가요?

나중에 미진이를 보았는데 민수보다 체격이 좋고, 키가 컸습니다. 민수 부모님이 민수를 운동을 시킨 계기가 또래보다 너무 작아서 걱정이라는 이유였습니다.

사춘기가 접어들며 2차 성징이 나타나기 전에는 여자아이와 남자아이가 체격이 비슷하거나 남자아이보다 여자아이 성장이 더 빠른 경우가 있습니다. 체격이 크고 언어 발달이 빠른 여자아이에 비해 체구가 작고 자기표현이 잘 안 되는 남자아이들은 놀이를 하다 여자아이들과 마찰이 생기기도 합니다. 남자아이들만 여자아이를 툭툭 건드리고 괴롭힌다고 생각한다면 오해입니다. 여자아이 중에도 남자아이를 괴롭히는 아이들이 있습니다.

미진이 부모님은 오해를 풀고 민수와 부모님에게 사과드렸습니다. 둘 사이에는 더 이상 이런 일이 일어나지 않았습니다. 체육관에 들어온 민수를 꼭 안아준 기억이 납니다.

"많이 아팠지. 많이 속상했지."

민수는 소리도 내지 않고 한참 울었습니다.

미진이와 민수의 이야기를 들으면 언뜻 아이들끼리 그럴 수도 있지 하고 대수롭지 않게 넘어갈 수 있는데요. 한번쯤 생각해볼 만한 것이 있습니다. '여자아이는 남자아이보다 무조건 약하다'는 인식이 이와 같은 상황을 만들었다는 사실입니다. 미진이는 민수가 아파하는 모습을 보고 혼날까 봐 자기도 아프다고 말한 건데 부모님은 남자와 여자의 싸움으로 받아들인 거지요.

의외로 이런 경우는 흔합니다. 물론 반대의 경우도 많죠. 정말 체격이 크고 힘센 남자아이가 여자아이를 때리는 일도 있었으니까요. 우리는 자꾸만 남자와 여자의 싸움으로 접근하는데 이것이 아이들에게 잘못된 생각을 심어줄 수 있습니다. 남자는 여자를 때리면 안 되고, 여자는 남자를 때려도 되나요? 아닙니다. 사람은 존중받고 존중해야 할 고귀한 존재입니다. 힘을 행사할 것이 아니라 대화로 해결해야죠.

아이들의 싸움에서는 '누가'보다는 '어떻게, 왜'가 중요합니다. 이 상황이 어떻게 일어났는지 그래서 현재 어떤 상황인지 말입니다. 대상부터 확인하면 편견에 사로잡힙니다. "또 걔가 그랬어!" 어떤 상황인지 듣지도 않고 추측하고 판단하게 되니까요.

자녀의 말을 믿지 말라는 것이 아닙니다. 아이의 입장을 넘겨짚지 말아주세요. 최대한 차분히 아이의 이야기를 끝까지 들어주세요. 아이는 부모가 대처하는 방법을 보면서 배웁니다.

억울한 상황에 처했을 때, 아이들은 각기 다른 반응을 보입니다. 눈물을 뚝뚝 흘리는 아이가 있는가 하면, 자신의 억울한 상황을 찬찬히 설명하는 아이, 그리고 "CCTV를 돌려보세요!"라고 외치는 아이가 있습니다. 우리 아이는 어떤 아이일까요?

모든 아이들은 보호받고 존중받아야 합니다. 다만 아이를 지나치게 감싸고 품 안에만 두어서는 안 됩니다. 엄마 아빠가 만들어놓은 세계가 당장은 편하고 안전하게 느껴지겠지만, 바깥 세상에 적응할 수 있는 힘을 기를 수 없습니다. 무조건 보호하기보다 때로는 한걸음 물러서서 따뜻한 눈길로 지켜봐주세요.

08 여자아이한테는 무슨 운동을 시켜야 하나요?

간혹 여자아이를 키우는 부모님들이 체육관에 찾아와 조심스럽게 물어봅니다.

"혹시 여자아이들도 태권도를 잘할 수 있을까요?"

요즘 세상에 이런 질문을 할까 싶지만 여자아이 부모님들 중 꽤 많은 분들이 이렇게 묻습니다. 여자아이라서 운동을 못할 거라고, 흥미가 없을 거라고 지레짐작하는 것이죠.

여기서 한 가지 알아야 할 점은 여자아이라서 운동을 못하는 게 아니라, 운동에 참여해본 경험이 적은 아이들이 운동을 어려워한다는 거예요. 운동도 공부도 얼마나 많이 노출해주느냐에 따라 흥미가 달라집니다.

영어를 못해도 영어에 많이 노출된 아이는 영어 수업이나 영어로 된 콘텐츠에 거부감이 없습니다. 하지만 영어에 전혀 노출되지 않거나 처음 영어를 시작할 때는 '너무 어렵다' 혹은 '어려울 것이다'라는 부정적인 인식 때문에 거부감이 큽니다.

운동도 마찬가지입니다. "이건 너무 어려워. 여자아이에게는 안 맞아.", "이건 남자아이들이 하는 운동이잖아!" 이렇게 말하며 자신의 생각을 아이에게 투영하는 경우가 많습니다. 운동은 주로 남자아이들이 하고, 남자아이들이 하는 운동이 따로 정해져 있다는 생각이 바로 그것이죠. 이것은 어른들의 고정관념일 뿐이에요.

운동에는 성별이 없다 ————

물론 신체적으로 여자나, 남자에게 유리한 운동은 있습니다. 하지만 운동에는 원래 성별이 없어요. 내 아이가 가진 기질과 신체 특성에 맞춰 아이에게 운동을 권해주는 건 좋지만, 남녀 구분을 두고 운동을 시키는 것은 바람직하지 않아요. 특히 남자아이를 키우는 부모님들 중에는 남자아이는 운동으로 스트레스를 풀어야 한다고 사춘기 때 운동을 가르치는 경우가 많습니다.

대부분은 저학년 때 운동을 배우다 고학년이 되면 공부 시간이 늘면서 운동 시간을 줄이거나 운동을 그만두는데 남자아이들은 한 가지 정도는 운동을 해야 스트레스를 푼다고 운동을 시키죠. 반면에 여자아이들은 운동을 그만두면 다시 시작하지 못하는 경우가 많습니다.

체력을 기르고 스트레스를 관리하는 건 남자아이뿐 아니라 여자아이에게도 꼭 필요합니다. 더군다나 요즘은 체육 교과 비중이 낮아지고 코로나로 인해 실내외 활동이 제한되어서 여자아이들이 운동할 수 있는 환경이 절대적으로 부족합니다. 홈트레이닝이나 실내에서 하는 스트레칭 등 마음만 먹으면 체력을 키울 수 있는 방법이 있긴 하지만 그마저도 하지 않는 경우가 대부분입니다.

저는 여자아이들이 운동을 배울 수 있는 다양한 환경에 노출되었으면 좋겠습니다. 남자아이들은 서너 살만 되어도 축구공이나 야구공을 사주잖아요. 그런데 여자아이에게 공을 사주는 부모는 많지 않습니다. 운동 경기를 볼 때도 그렇습니다.

"우리 딸은 이런 경기 안 좋아해."

이렇게 자녀가 운동을 좋아하지 않을 거라고 지레짐작합니다. 하지만 이런 예상이 맞지 않는 경우가 무척 많습니다. 특히 요즘 아이들은 운동이나 외부 활동에서 더 이상 여자아이, 남자아이를 구분 짓지 않아요. 제 경우만 하더라도 딸 셋을 키우는데, 셋 다 걸음마를 떼면서부터 도복을 입고 띠를 맸지요.

엄마, 아빠에게 도복이 일상이고 체육관이 제집 같기에 아이들 또한 운동에 거부감이나 불편함이 없습니다. 세 명 다 내성적인 성격인데도 체육 시간에는 자신감이 넘치죠. 동작을 하는데 어렵거나 여자가 하기 어려운 운동이라는 인식이 없어요. 미리 편견을 갖지 않는 거죠.

아이들에게는 그어야 할 선과 긋지 말아야 할 선이 있다고 생각합니다. 이 선을 잘 긋는 것이 좋은 부모가 되는 지름길이라고 생각하는데요. 규칙을 먼저 가르쳐주세요.

우선 부모가 그어주어야 할 선은 규칙입니다. 여기서 말하는 규칙이란 아이가 살면서 지켜야 할 도리와 사회규범을 말합니다. 이는 부모가 가르쳐주어야 하는 분명한 선입니다. 하지만 아이의 한계나 미래에 대해서 미리 선을 긋는 것은 잘못된 것입니다. 아이들에게는 다양한 기회와 경험을 주어야 하기 때문입니다. 운동도 마찬가지입니다.

'운동은 남자아이만 좋아한다.'

'여자아이는 공으로 하는 운동을 하지 않는다.'

이런 편견을 버려야 합니다.

제가 본 모든 아이들이 공놀이를 좋아합니다. 공이 굴러가고 튀는 모습을 보면서 공을 잡겠다고 뛰고 구르고, 웃는 아이들이 대부분입니다. 때로는 진지하게, 때로는 장난기 가득한 표정으로 공을 다루죠.

여기에 남자아이, 여자아이 구분은 없습니다. 당연히 여자아이만 하는 운동, 남자아이만 하는 운동도 없죠. 물론 아이들의 성향에 따라 적성과 선호도는 제각각이지만, 운동을 성별로 구분하는 건 잘못입니다.

운동에 흥미 없는 아이, 이렇게 해주세요! ─────

어떻게 해도 운동에 흥미가 없는 아이가 있습니다. 부모 손에 억지로 이끌려온 아이는 운동이 놀이가 아니라 고문일 수 있어요. 이런 아이들이 운동에 흥미를 붙이려면 어떻게 해야 할까요?

• 운동 경기를 자주 보여준다

경기장에 직접 가거나 부모가 운동하는 걸 보여주면 됩니다. 한때 귀족 스포츠로만 불리던 골프가 이제는 대중화되었는데요. 저는 아이들에게 골프를 시켜보는 것도 추천합니다. 부모님이 골프를 친다면 아이를 데리고 필드에 나가거나 스크린 골프장에 가도 좋습니다. 직접 운동하는 것에 두려움을 갖는 아이에게 간접경험을 쌓게 해줄 좋은 기회입니다.

아이가 싫어할 거라고 미리 짐작하지 말고 일단 자연스럽게 경기를 보여주세요. 즐기는 법을 알려주면 아이는 자연스럽게 적응할 테니까요. 아이에게 운동은 어렵고 무서운 게 아니라는 걸 먼저 일깨워주어야 합니다.

• 운동 종목이 아닌 기술을 가르친다

운동을 처음 아이에게 가르치는 부모님은 종목부터 고르죠. 농구, 축구, 야구 중에서 하나를 선택하는 식입니다. 하지만 종목을 꼭 미리 정해둘 필요는 없습니다. 달리기, 던지기, 받기, 뛰기 등 아이

들이 운동으로 신체를 움직이면서 다양한 기술을 습득하게 해주는
게 우선입니다.

아이에게 운동을 평생 함께할 친구로 만들어주고자 한다면, 운동
이 몸에 자연스럽게 흡수될 수 있는 환경을 조성해주세요. 그런 환
경에서 기술이 습득되면 자연스럽게 어떤 운동을 할지 아이가 결정
할 수 있습니다.

• 친구들과 함께 운동하게 한다

운동을 좋아하지 않는 아이라도, 친구들과 함께 노는 것은 좋아
합니다. 내성적인 친구라고 해도 마음이 열려서 자연스레 몸 움직
임이 좋아지죠. 이렇게 친구들과 함께 운동을 하면서 아이는 자신
도 모르게 친구를 따라 하는 모습을 보이는데요. 이 과정에서 사회
성이 발달하고 신체 발달이 이뤄지면서 운동에 친숙해지는 아이들
이 많습니다.

• 스포츠 공원이나 스포츠 체험 시설을 이용한다

다양한 운동 경험을 가족과 함께 즐기면서 부담감 없이 가볍게
즐길 수 있어요. 몸 쓰는 것이 어색한 아이들에게는 운동 경험을 통
해 흥미를 주는 것이 좋아요. 낯선 사람과 체험하는 것이 부담되더
라도 곁에 가족이 있다면 안정감 있고 즐겁게 활동할 수 있어요.

• 운동일기를 쓰게 한다

내가 어떤 운동을 했는지, 운동을 배울 때 좋았던 점, 어려운 점을 적어보는 시간을 갖는 것도 좋습니다. 아무리 운동을 싫어해도 본인이 흥미 있는 부분이 있거든요. 내성적이거나 운동 경험이 없는 친구들은 써보면서 생각을 정리하는 것도 좋은 방법입니다. 운동일기를 통해 운동 효과와 자기관리 능력을 키우기도 합니다.

 전문가의 TIP!

운동에 흥미가 없는 아이들에게 추천하는 운동

• 줄넘기
줄 하나를 가지고 다양한 동작을 만들 수 있습니다. 개수가 올라감에 따라 자신의 실력이 늘어난다는 생각에 자신감과 성취감을 얻을 수 있죠. 또한 줄넘기를 할수록 심폐지구력과 체력이 오르고 키 성장에도 좋습니다. 언제 어디서든지 쉽게 할 수 있다는 장점이 있습니다.

• 피구
피구는 규칙이 간단합니다. 공을 피하거나 잡거나 상대를 맞추면 되죠. 간단하지만 도전과 경쟁심을 유발합니다. 아이들이 흥미롭게 운동 기술(던지기, 잡기, 피하기)을 익히며 친구들과 재미있게 규칙을 배우며 할 수 있는 운동입니다.

09 운동이 인성 교육에 도움이 될까요?

    운동하는 아이들이 인성이 좋다고 하면 부모님들은 처음에 의아해합니다. 수행평가나 집중력 향상을 위해서 운동을 시키는 것인데 그게 인성하고 무슨 관련이 있느냐는 거죠. 이따금씩 매스컴에서 보도되는 운동선수들의 논란을 언급하며 불신감을 내비치는 분들도 있습니다.

    물론 운동선수 중에도 다양한 사람이 존재하고, 개중에는 실력이 뛰어나지만 인격은 그에 미치지 못하는 사람도 있습니다. 더욱이 선수들은 하루하루를 치열한 경쟁 속에서 보내야 하죠. 안타까운 건 엘리트 선수들도 성적과 성과 중심의 교육을 받는다는 겁니다. 이는 일반적인 아이도 마찬가지입니다. 승부에 연연하지 말라고는 하지만 정작 어른들이 등수나 점수에 예민해하고는 하죠.

인성 좋은 아이들이 성적도 좋다. 정말일까?

'설령 운동이 인성과 관련이 있어도 그게 아이에게 무슨 도움이 되겠느냐'라고 생각하는 분도 있을 것 같습니다. 하지만 성적이 좋은 아이들이 인성도 좋습니다. 좀 더 정확하게는 표현하자면 '아이들의 인성을 키워주면 공부 실력은 자연스레 오른다'입니다.

사실 인성에는 준법성, 성실함, 자기주도력, 자기조절력, 문제해결능력, 책임감, 협동심, 배려, 리더십, 의사소통력 등이 모두 포함됩니다. 그래서 서울대를 포함한 주요 대학과 특목고에서 인성평가를 강화하는 것이죠.

운동을 배우는 데 인성 교육에 도움이 될까?

체육관은 공부체력을 기름과 동시에 인성을 키워주는 곳입니다. 그 이유를 한번 정리해보겠습니다.

• 사회성을 길러줘요

요즘 아이들은 형제가 없거나 적은 경우가 많습니다. 그래서인지 집에서 과잉보호나 과잉 지도를 받아온 아이들이 자주 눈에 띕니다. 유난히 또래에 비해서 사회성이 부족한 아이들이 있거든요. 예를 들어 단체 활동을 하면 주눅이 든다거나 새로운 친구들과 대화를 잘 못하는 경우가 여기에 해당하죠. 이는 부모님이 나서서 아이가 해내야 하는 것들을 대신하다 보니 생겨나는 현상입니다.

이런 아이들이 운동을 하면서 조금씩 사회성이 좋아지고, 단체생활을 하면서 다른 친구들을 더 배려하게 됩니다. 운동에는 규칙이라는 게 있기 때문에 성과를 내려면 반드시 지켜야 합니다. 그리고 모든 규칙의 바탕이 되는 정신은 "남에게 피해를 주지 않는다"입니다. 바로 사회성 교육의 시작이라고 할 수 있습니다.

• 독립심이 강해집니다

'내 아이를 독립심 강한 아이로 만들고 싶다.'

모든 부모님들이 바라는 바가 아닐까 싶은데요. 사실 독립적인 아이는 고립된 아이가 아니라 마음이 열린 아이입니다. 즉, 누구보다 사회성이 뛰어난 아이죠. 어떤 환경에서도 포기하지 않고 자신에게 주어진 일에 최선을 다하고 문제가 생기면 이를 해결하려는 의지를 가진 아이가 바로 독립심이 강한 아이입니다.

운동을 하다 보면 처음 접하는 기술이 있어서 스스로 생각하고 해결하는 능력이 필수입니다. 하지만 아이들은 운동을 하면서 이 기술 습득을 문제라고 생각하지 않고 즐기면서 하기 때문에 자연스럽게 문제해결능력을 키우게 됩니다.

앞서 말씀드렸던 것처럼 독립성과 사회성은 상호 보완적이라고 할 수 있습니다. 아이가 독립성을 가지려면 합리적으로 생각하고

판단하는 능력이 있어야 하는데, 이 능력을 키우기 위해서는 사회
성이 필수적이기 때문입니다. 다시 말해 사회성이 좋아지면 독립심
도 강해집니다.

• 리더십을 키워줍니다

리더는 단순히 아이들 앞에 나서서 대장 역할을 하는 것이 아닙
니다. 다양한 아이들과 어울리면서 다툼이 생기지 않도록 조율하고
때로는 서로 힘을 모아 목표를 이룰 수 있도록 이끌어야 합니다. 그
러기 위해서는 아이들 개개인의 성격이나 취향을 잘 살피고 지혜롭
게 대처하는 능력이 필요하죠.

아이들이 서로를 잘 알기 위해서 운동만큼 효율적인 게 없습니
다. 몸을 부딪히고 땀을 흘리다 보면 상대방에 대해서 많은 것을 알
게 됩니다. 특히 여럿이 하는 축구나 농구 같은 운동이 좋습니다. 처
음부터 이런 운동을 부담스러워하는 아이는 단체 줄넘기와 같은 운
동을 권해주셔도 좋습니다.

운동을 통해서 아이가 숨은 리더십을 발휘하게 되는 경우도 있
습니다. 내성적인 줄 알았던 아이가 체육관에서 다른 아이들을 리
드하는 모습을 보고 깜짝 놀라는 부모님도 많습니다.

• 예절을 배웁니다

마지막으로 아이들의 예절입니다. 저는 운동을 하는 궁극적인 목

적이 결국 예절을 배우도록 하는 데 있다고 생각합니다.

단순히 큰 소리로 인사를 잘하는 것이 예절은 아닙니다. 상대를 존중하는 마음으로 인사를 나누는 거죠. 저는 아이들에게 인사를 하며 고개를 숙일 때 유치부는 소리를 내어 3초를, 초등부 이상은 마음속으로 3초를 세고 고개를 들도록 훈련시킵니다. 인사를 통해 짧은 시간 교감할 수 있고 서로를 배려하는 마음으로 고개를 숙여 존중을 표현하는 것입니다. 이렇게 반복하면 공손한 태도의 인사법을 몸에 익히게 됩니다.

매너가 좋은 아이들이 사회생활에서 더 많은 기회를 만나게 된다고 합니다. 한마디로 성공할 확률이 더 높아지는 것이죠. 매너 좋은 아이로 자라기 위해서는 어릴 때부터 운동을 통해 몸과 마음의 그릇을 키울 필요가 있습니다. 운동은 단지 체력을 겨루는 것뿐만이 아니라 상대방과 함께 합을 맞추면서 '매너를 키우는 행위'이기도 합니다.

10 마음 자세를
단련시키는 운동

저희 태권도장 바닥에는 점이 그려져 있습니다. 점 하나하나가 수련생들의 자리입니다. 모든 품새는 자기 자리를 벗어나지 않고, 다른 훈련을 할 때도 자기 자리를 중심으로 움직입니다. 남에게 피해를 주지도, 받지도 않도록 나 스스로를 보호하고 방어합니다.

태권도의 출발은 개인 운동입니다. 그러다 시범단이 되어 단체 품새를 할 때는 여러 명이 같이 운동을 합니다. 이렇게 단체 운동이 되는 것이죠.

이와 같은 훈련 과정은 우리가 태어나 가족을 만나고 친구들과 어울리고 학교를 거쳐 사회로 나가는 과정과 비슷하다고 생각합니다. 태권도를 통해 나에게 집중하는 법을 배우고 나의 세계를 점점 확장하는 경험을 하다 보면 몸뿐 아니라 마음도 성장하게 됩니다.

마음가짐을 단련하는 운동 ─────

저는 아이들을 가까이서 관찰하고 오래 지켜보는 만큼 마음 단련에도 신경을 많이 씁니다. 특히 운동을 하면서 아이들이 자신의 뿌리를 알게 하려고 합니다. 부모님의 사랑이 아니었으면 내가 태어날 수 없었다는 것을 알고 있으면 아이들이 겸손해지기 때문입니다. 그래서 효를 강조합니다.

요즘 세상에 새삼스럽게 효를 강조하는 게 이상하게 들릴 수 있습니다. 어쩌면 구시대적인 발상이라고 생각할 수도 있죠. 하지만 저는 누가 뭐라고 해도 효를 배우게 하기 위해 숙제를 내줍니다.

- 부모님 발 씻겨드리기
- 안마해드리기
- 신발 정리

이런 숙제를 내주면 아이들이 처음에는 귀찮아합니다. 하지만 막상 집에서 실천을 하고 부모님께 칭찬을 받으면 그다음에는 숙제를 내주지 않아도 알아서 합니다.

아이들은 사회생활의 기본적인 방법을 가정에서 배웁니다. 부모님과의 관계를 통해 윗사람을 대하는 예절을 익히고 형제와 함께 어울리며 경쟁과 협력을 배우게 됩니다. 특히 부모님을 보면서 형성한 가치관은 평생을 살아가는 밑거름이 됩니다. 효의 실천은 올바른 마음가짐을 훈련하는 첫걸음이죠.

저희 체육관에서는 관장이 아빠, 사범이 엄마 역할을 합니다. 관장은 올바른 말과 행동으로 본을 보이고 아이들을 엄격하게 지도합니다. 아이들이 무서워하지 않을까 염려하는 부모님도 있지만 저는 이렇게 말씀드립니다.

"아이들이 무서워하는 것과 어려워하는 것은 다릅니다."

올바르게 가르칠 때 아이들은 무서워하지 않습니다. 조금 어려워할 뿐이죠. 그리고 어려움을 아는 아이들이 바르게 자라납니다. 또 올바른 가치관과 마음가짐을 가진 아이들이 결국 높은 학업성취도를 이루어내고는 합니다.

PART 3

공부 체력을 위한
실전 운동

일상에서 바로 따라 할 수 있는
효과 만점 운동법

공부 에너지를 축적하자

체력은 모든 활동에 필요한 힘입니다. 체력이 바닥인 사람은 무엇을 해도 제대로 해낼 수 없어요. 하다못해 숨 쉬고 걷는 데에도 체력이 필요합니다. 어쩌면 우리가 살아가는 가장 기본적인 힘이라고 해도 과언이 아닌 셈입니다.

그럼 우리가 생활하는 데 필요한 에너지는 어떻게 쌓을 수 있을까요?

바로 운동을 통해서입니다. 운동을 하면 체내에 에너지가 쌓입니다. 보통 운동이라고 하면 몸에서 노폐물이 빠져나가면서 지방을 태우는 등 소모적인 활동이라고 생각하는데요. 운동으로 몸과 마음을 완전히 비우게 되면, 그 빈 공간에 에너지가 충만하게 차오르는 상태가 됩니다.

운동은 기술을 배우는 것이 전부가 아니다 ————

우리는 운동의 기술을 배우려고 하지만, 그보다 중요한 것이 있습니다. 바로 운동을 통해 올바른 마음가짐과 태도를 갖추는 것입니다. 많은 분들이 운동은 기술을 배우는 거라고 생각하고, 저 역시 체육관을 운영하는 초창기에는 그렇게 생각했습니다. 그런데 시간이 지나면서 그게 전부가 아니라는 것을 깨달았습니다.

세상의 모든 운동은 '규칙'으로 이루어져 있습니다. 선을 밟으면 안 되고, 시간을 지켜야 하는 등 규칙 없는 운동은 없습니다. 앞서 말씀드렸던 것처럼 규칙을 지키면서 운동을 하다 보면 자연스럽게 인성이 좋아집니다. 규칙은 대부분 다른 사람에게 불이익이나 피해를 주는 행동을 금지하는 것이거든요. 남을 의식하고 배려하는 것이 모든 운동의 시작이라고 할 수 있습니다. 나 혼자 에너지를 발산하면 그만인 게 아닌 거죠.

그래서 우리는 아이들에게 운동 기술을 가르치는 것도 좋지만, 좋은 체력을 바탕으로 예절을 지키도록 가르쳐야 합니다. 이러한 예절과 규칙, 그리고 인성이 바탕이 되면 세상에 선한 영향력을 미치는 사람이 되지 않을까요?

운동은 정신을 가르치는 것입니다. 기술과 체력, 정신력의 조화가 바로 운동의 묘미입니다. 아이들 중에서는 신체 에너지가 활발한 아이도 있지만, 반대로 유난히 떨어지는 아이들도 많습니다. 운동을 통해 배우게 되는 것은, '내가 이것을 해야겠다'라고 마음을 먹으면 할 수 있다는 걸 아이들에게 알려주는 거예요.

 전문가의 한줄 TIP

운동을 배우는 이유는 크게 3단계입니다.
1단계는, 건강한 체력을 통해서 에너지를 축적하기 위함입니다.
2단계는, 축적된 체력을 통해서 규칙을 지키고 인성과 예절을 배우기 위함입니다.
마지막 3단계는, 이를 통해 건강한 정신을 키워나가는 활동입니다.

STEP 1

준비운동과 마무리운동

운동 영상

"처음과 끝이 운동의 전부입니다."

본격적으로 운동을 하기 전, 아이들과 저는 항상 준비운동을 합니다. 어른들은 '스트레칭한다'고 표현합니다. 이것은 관절을 부드럽게 풀어서 운동 효과를 높이는 것인데요. 아이들과 함께 운동할 때는 부상을 막기 위해서 꼭 필요한 과정이라고 설명합니다.

'마무리운동'이라는 말도 들어보셨죠? '운동이 다 끝나고 나서 몸을 다시 풀어준다'고 알고 있는 분들이 많은데, 사실 마무리운동은 운동 효과를 지속하는 운동입니다. 그래서 준비운동은 영어로 '워밍업(warming up)'이라고 표현하고 정리하는 운동은 '쿨다운(cool down)'이라고 합니다.

워밍업은 몸의 관절을 부드럽게 풀어주면서 몸을 데워주는 효과가 있습니다. 이렇게 해서 몸이 말 그대로 '달궈진' 느낌이 들면 본운동을 할 때 부상도 예방할 수 있고 운동 효과도 높아집니다.

준비운동을 하는 또 다른 이유는 바로 '유연성'을 높이기 위해서입니다. 관절이 부드러워지면 가동 범위가 커집니다. 몸이 뻣뻣한 상태이면 관절과 근육 경직이 심해져 부상 위험이 높습니다. 준비운동 없이 본운동을 하는 것은 '면허 없이 운전하는 것과 같다'고 보시면 됩니다.

가장 먼저, 호흡을 조절합니다. 호흡을 조절하면 대뇌의 흥분 수준이 높아져 격렬한 운동에 대비할 수 있습니다. 준비운동 자체가 정신적, 신체적 손상을 크게 낮춰주는 역할을 합니다.

본운동 이후에 하는 운동을 앞서 '쿨다운(cool-down)'이라고 말씀드렸는데요. 이는 본운동으로 높아진 맥박이나 호흡을 천천히 정상으로 되돌리는 과정입니다. 운동을 통해 받은 근육의 압박, 즉 몸이 받은 스트레스를 해소해주는 것입니다.

운동을 평소에 잘 안 하던 사람이 갑자기 격하게 운동을 하면 어떻게 될까요? 다음 날 온몸이 쑤시고 아픕니다. 다친 건 아닌데 콕콕 쑤시거나 결린 적 누구나 한 번쯤 있을 겁니다. 그런데 마무리운동을 하면 어느 정도 근육통을 완화시킬 수 있습니다. 운동 시간 자체가 지속되기도 하거든요.

기본 호흡법

① 배꼽 위에 손을 모으며 숨을 깊숙이 들이
마십니다.

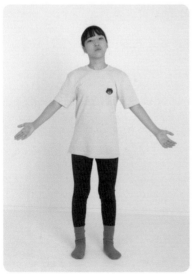

② 숨을 내쉬며 팔을 자연스레 뻗어줍니다.
호흡 조절을 통해 운동 효과를 높이고, 스트
레스를 줄일 수 있습니다.

운동 계획 세우기

아이들의 운동 계획을 세울 때는 보통 1시간을 기준으로 생각하면 됩니다. 10~15분 정도는 준비운동, 35~40분 정도는 본운동, 그리고 마지막 정리운동 순으로 구성합니다. 이렇게 하면 부상도 예방하고 근육통을 줄이면서 운동 효과는 높일 수 있습니다.

다만 이것은 체육관에서 운동할 때 해당되는 기준이고, 집에서 운동을 계획할 때는 20분 이내로 해주는 것이 좋습니다. 준비운동-본운동-마무리운동을 구성할 때 아래와 같은 비율로 구성합니다. 아이가 운동에 익숙해지고 좋아하면 조금 더 시간을 늘려도 좋습니다.

운동 계획(20분)		
준비운동(15%)	본운동(70%)	마무리운동(15%)
3분	14분	3분

공부 잘하는 아이도, 운동 잘하는 아이도 기초가 중요합니다. 운동을 계획하고 운동할 때 아이에게 기초를 탄탄하게 잡아주는 운동이 필요합니다. 아래 예시는 일일 운동 계획을 세운 것입니다. 하체 운동을 중심으로, 아이가 건강하게 자라는 데 도움이 되는 기본 운동으로 목록을 구성해봤습니다.

운동 일지 : 0월 0일 1일차		
운동 목적 : 기초 체력 키우기_(하체근력중심)		
준비운동(15%) 3분	본운동(70%) 14분	마무리운동(15%) 3분
준비운동 영상	스쿼트 하기 스케이트 타기 자세 하기 팔다리 교차하기	마무리운동 영상

준비운동

운동을 시작하기 전에 준비운동을 어떻게 했는가에 따라 효과가 달라집니다. 준비운동은 제자리 뛰기, 팔 벌려 뛰기처럼 관절을 풀어주는 운동과 체온을 올려주는 운동으로 구성합니다. 호흡을 가파르게 올리면서 체온을 높이고, 관절의 가동 범위를 늘려주는 것이 중요합니다.

1단계 : 몸 풀기

• 관절 풀어주기 : 손목, 발목 – 무릎 – 허리 – 어깨 – 목

❶ 천천히 원을 그리듯 관절을 돌리면서 가볍게 풀어 줍니다.
❷ 반대편도 동일하게 돌려 줍니다.

• 관절 가동 범위 늘려주기 : 손, 발 털어주기 – 짧게 무릎 늘리기 – 길게 무릎 늘리기

① 가볍게 온몸을 털어주고, 관절을 자극하며 길게 늘려줍니다.
② 반대편도 동일하게 진행합니다.

준비운동 1단계는 본운동 전에 굳은 몸을 깨워주는 활동입니다. 관절을 움직일 때 힘을 너무 주거나 동작을 과장되게 하면 근육이 놀랄 수 있습니다. 몸풀기로 천천히 관절의 가동성을 높이는 데 목표를 둡니다. 관절을 누를 때는 가볍게 지그시 눌러주고, 관절을 돌릴 때는 편안하게 돌려주는 것이 중요합니다. 성장기 아이들은 틈틈이 스트레칭을 해주면 좋습니다. 근육과 관절의 긴장을 풀어주고, 운동 중 무릎이나 손목, 발목관절의 부상을 방지합니다.

2단계 : 심박수 올리기

2단계는 3단계 활동 전 심박수를 올려주는 운동입니다. 심박수가 올라가면서 호흡이 빨라지고 체온이 서서히 오르게 됩니다.

• 제자리 달리기

❶ 바른 자세로 서서 가볍게 주먹을 쥐고 제 자리에서 달립니다.

❷ 제자리를 벗어나지 않게 주의하면서 좌우 번갈아가며 가볍게 뜁니다.

3단계 : 체온 올리기

3단계에서는 숨이 몹시 가쁘고 땀이 날 만큼 움직입니다. 1~3단계는 기본적으로 운동을 하기 전에 가볍게 몸을 풀고 체온을 높여주는 활동입니다. 천천히 수행하기보다는 몸이 뜨거워지도록 빠르고 정확한 동작으로 수행하도록 지도합니다.

• 팔 벌려 뛰기

❶ 차렷 자세에서 시작합니다.

❷ 양팔과 양발을 벌렸다가 다시 차렷 자세로 돌아옵니다.

❸ 양발을 벌리고 손바닥이 닿도록 양팔을 머리 위로 올립니다.

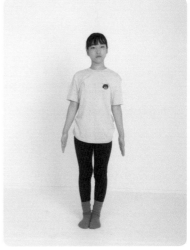

❹ 차렷 자세로 돌아옵니다. 앞의 동작을 반복 하여 수행합니다.

마무리운동

관절을 늘려주는 스트레칭으로 운동을 마무리합니다. 5초에서 10초간 몸의 근육을 쭈욱 늘려준다는 생각으로 천천히 수행합니다. 무리하게 관절을 돌리거나 체온을 높이는 것이 아니라 정적인 자세에서 근육을 이완시켜주는 운동으로 진행합니다.

관절을 돌리거나 털지 않고 지그시 눌러주고 늘려주며 근육을 이완시키는 것이 매우 중요합니다. 동작을 수행하며 끝에서 3초 정도 버텨주세요. 체온을 정상으로 돌리는 운동이기 때문에 격렬하게 하지 않습니다.

앉아서 하는 스트레칭

• 다리 뻗어 스트레칭

❶ 허리를 반듯하게 편 상태에서 두 발을 모으고 앉습니다.

❷ 손끝이 발끝에 닿을 수 있도록 천천히 허리를 숙입니다.

☑전문가의 TIP!

처음 하는 아이들은 동작이 쉽지 않을 수 있습니다. 발끝에 닿기가 어렵다면 무릎까지만 손을 뻗고 버티면서 유연성을 기르도록 합니다.

• 두 발 모으고 다리 스트레칭

❶ 몸을 바르게 펴고 앉아서 양 발바닥을 붙 ❷ 머리가 바닥에 닿도록 허리를 숙여줍니다.
입니다.

• 팔 교차하여 스트레칭

❶ 한 팔로 고정하고 다른 팔을 옆으로 당겨 ❷ 당길 때 시선과 팔을 반대로 당기며 좌우 동
줍니다. 일하게 스트레칭해줍니다.

※허리가 돌아가지 않도록 자세를 반듯하게 하고 최대한 당겨줍니다.

• 다리 벌려 스트레칭

①
양옆으로 다리를 벌
리고 발끝을 세웁니
다.

②
몸을 오른쪽으로 숙
이면서 팔을 뻗어 왼
손이 오른쪽 발끝에
닿도록 합니다.

③
반대쪽도 동일한 방법
으로 스트레칭합니다.

❹
양팔을 앞으로 쭉 뻗
으며 몸을 최대한 숙
입니다.

'다리 벌려 스트레칭'은 유연성을 길러주는 대표적인 스트레칭 중 하나입니다. 처음에는 다리를 최대한 곧게 펴서 벌리고 자세를 유지하는 데 초점을 맞춥니다. 이후 익숙해지면 팔을 뻗어 발끝을 잡는 동작이나 앞으로 숙이는 등의 동작을 연습합니다.

주의할 점은 아이마다 유연성이 다르다는 것입니다. 억지로 무리하게 하면 인대나 근육이 손상될 수 있습니다. 또 아이가 다리 벌려 스트레칭뿐만 아니라 운동 자체에 대한 거부감을 가질 수 있으니 괜찮은지 수시로 살피면서 진행합니다. 다리를 벌린 상태에서 몸을 앞으로 숙일 때도 위에서 억지로 누르지 않도록 합니다. 모든 스트레칭 동작에 해당되는 이야기지만, 자극은 주되 기분 나쁘지 않을 정도의 고통이어야 합니다.

몸을 길게 늘려주고 버티는 힘을 길러야 하는데 유연성이 없는 상황에서 동작만 따라 하다 보면 몸에 반동을 주어 움직이게 됩니다. 당연히 운동 효과가 떨어집니다. 개수를 많이 늘리기보다는 정확하게 오래 자세를 취하면서 유연성을 지속적으로 길러주세요.

유연성 없는 아이를 위한 스트레칭

• 서서 기지개 펴고 숙이기

❶ 손은 깍지를 껴서 머리 위로 올리고 다리는 어깨 넓이로 벌립니다.

❷ 천장을 보며 위로 쭉 뻗었다가 아래를 보며 쭉 뻗어줍니다.

• 옆구리 늘려주기

① 한 손은 머리 뒤로 붙이고 다른 한 손은 다리에 붙여줍니다. 이때 다리는 어깨 넓이로 벌립니다.

② 정면을 보고 팔을 들어 올린 반대 방향으로 옆구리를 쭉 늘려줍니다.

유연성 없는 아이를 위한 팁

"우리 아이는 유연성이 너무 떨어져요. 어떻게 하면 좋을까요?" 하는 질문을 종종 받습니다. 뻣뻣하고 굳은 몸을 가진 대부분의 아이들은 근육이 경직되어 있습니다. 이때에는 땀이 송글송글 맺힐 정도의 준비운동으로 몸을 뜨겁게 달구고, 폼롤러를 통해 경직된 근육을 풀어주면서 다리 벌려 스트레칭을 하는 게 좋습니다.

스트레칭 시 몸이 고정되도록 벽에 몸을 붙여서 하면 좋습니다. 무리하게 동작을 취하면 아이가 다칠 수 있으니 정해진 순서와 동작을 떠올리며 차근차근 지도해주세요. 모든 운동은 '천천히, 꾸준히' 습관을 들이는 것이 중요하다는 것을 잊지 마세요.

고관절 스트레칭

코로나 이후 활동량이 갑자기 줄어들면서 고관절 통증을 호소하는 아이들이 많아졌습니다. 고관절 염증은 고관절을 둘러싼 근막과 인대 부위에 염증이 생기는 것을 말합니다. 염좌로 인한 통증이 생기면 아이가 걸을 때마다 절뚝거리며 아프다고 합니다. 고관절 염증은 활동량이 너무 많을 때도 생깁니다. 평소 스트레칭을 통해서 예방하는 것이 가장 중요합니다. 성장기 아이들에게서 흔히 볼 수 있는 염좌입니다.

면역력이 약하거나 갑자기 활동량이 많아질 때 생겨서 부모님은 '갑자기 아이가 왜 이런 염증이 생겼을까? 혹시 어디서 다친 게 아닐까?' 걱정하는데 대부분은 휴식을 통해서 염증이 사라집니다. 충분히 휴식을 취하고 미리 고관절을 풀어주는 스트레칭을 통해 고관절의 가동성을 향상시켜주도록 합니다.

• 누워서 하는 고관절 스트레칭

❶ 한쪽 무릎을 접어 가슴 위로 끌어올리고 지그시 팔로 껴안아 누릅니다.

❷ 반대편도 동일한 방법으로 수행합니다.

다리를 들어 올리다 보면 반대쪽 다리가 들뜨는데 최대한 자세를 유지하면서 무릎을 접어 가슴으로 끌어 올립니다. 이 동작은 엉덩이 근육을 이완해주고 고 관절을 풀어줍니다.

스트레칭할 때 주의할 점

스트레칭이라고 하면 떠오르는 것이 '다리 벌려 스트레칭'입니다. 일명 다리 찢기라고 불리기도 하는데요. 모든 스트레칭이 그렇듯 꾸준히 연습을 하다 보면 처음보다 더 넓게 다리를 벌릴 수 있고 유연성도 좋아집니다. 하지만 몸이 충분히 풀리지 않은 아이가 본인의 가동 범위를 넘어 억지로 무리하게 다리를 벌리면 다칠 수 있습니다. 그러니 상태를 보고 점차 늘려가도록 해야 합니다. 이처럼 아무리 좋은 운동도 아이에게 맞게 하는 것이 중요합니다. 운동을 좋아 하는 아이도 다리 찢기에 대한 공포감 때문에 운동을 거부할 수도 있습니다. 유연성을 키우는 이유는 결국 아이의 건강한 성장을 위해 체력을 키우기 위함 아닌가요? 그렇다면 아이의 몸에 맞게 차근차근 운동을 시켜주세요.

• 앉아서 하는 고관절 스트레칭

① 앉아서 한쪽 다리를 쭉 펴고 무릎 위에 발목을 얹습니다.

② 다리 사이에 손을 넣고 가슴으로 끌어 올립니다.

③ 자세가 무너지지 않도록 유지하며 가슴까지 당겨줍니다.

④ 반대편도 같은 방식으로 수행합니다.

· · · · · · · · · · · · · · · ·
☑ 전문가의 TIP!

복부와 코어, 엉덩이 근육을 단련시키는 운동입니다.
이제는 공식처럼 외워볼까요? '유산소 운동은 뇌를 활성화시킨다!'

"선생님, 집에서 하기 좋은 운동 좀 알려주세요!"

많은 부모님들이 하는 질문인데, 저는 누워서 하는 운동을 많이 말씀드립니다. 성장기에는 가장 중요한 것이 자세입니다. 한번 틀어진 자세나 잘못 배운 운동법은 고치기가 정말 힘듭니다. 전문가의 지도 없이 집에서 동작을 보고 따라서 하는 경우에는 어떤 부분에 자극이 오는지 어떤 부분을 고립(몸을 단단히 고정)해야 하는지 확신이 서지 않습니다. 부모님이 정확히 잡아주기 어려운 측면도 있고요.

그래서 저는 아이들이 학교나 방과 후 스포츠클럽 등에서 많이 해본 동작이나 누워서 하는 운동법을 소개합니다. 누우면 골반과 척추가 안정적인 자세가 되기 때문입니다. 이 자세에서 관절의 가동 범위를 조절하고 내가 운동을 하면서 단련해야 하는 근육에 아이가 더 집중할 수 있도록 합니다.

아이의 운동법과 성인의 운동법은 다릅니다. 성인보다 아이가 유연성이나 체력이 좋을 수 있지만 몸에 대한 인지 수준은 낮기 때문에 근육이 자극되는 느낌을 제대로 알 수 있도록 해주어야 합니다. 공부든 운동이든 처음 제대로 배우는 것이 중요합니다.

마무리운동까지 꼼꼼히

준비운동 단계에서 근육을 풀어주고 관절의 가동성을 높여준다고 말씀드렸습니다. 이를 통해 운동 효과도 높이고요. 그런데 마무리운동에서도 근육을 풀어준다고 하면 다들 의아해합니다.

준비운동과 마무리운동의 효과가 같을까요? 아닙니다. 마무리운동은 근육의 피로를 풀어주는 운동입니다. 본운동을 하는 동안 지친 근육을 회복시키는 역할을 합니다. 마무리운동을 잘 해주지 않으면 근육이 뭉쳐 다음날 심한 근육통을 호소할 수 있습니다. 운동을 열심히 하고 나면 평소 잘 쓰지 않던 근육에 자극이 오기 때문에 약간의 근육통은 누구나 겪을 수 있어요. 하지만 마무리운동을 통해서 통증을 줄이고 피로를 빠르게 회복할 수 있습니다. 그렇기 때문에 반드시 정리운동까지 꼼꼼하게 하기를 권장합니다.

STEP 2
체력 관리 운동법

운동 영상

많은 부모님이 아이가 어릴 때는 예체능 교육에 대한 관심이 크지만 학년이 높아질수록 관심도 줄어들고 계속 가르치려고 하지 않습니다. 그 이유는 다양하겠지만 공부할 시간이 부족한 탓이 가장 큽니다. 관련 학과에 진학할 계획이 있는 게 아니라면 꾸준히 시킬 필요가 없다고 생각하죠. 중학생인 저희 아이도 하교 후에 국·영·수 보습학원을 다녀와서 정신 없이 숙제를 하다 보면 순식간에 하루가 지나가곤 합니다.

수험생을 자녀로 둔 부모님들은 더 마음이 급할 거예요. 한두 시간은커녕 10분, 20분도 아까운 시기입니다. 저도 수험생 아이들에게는 격렬한 운동을 권장하지 않습니다. 이 시기에 운동을 하느라 지나치게 힘을 쏟으면 아이가 더 피곤해하고 힘들어합니다. 근육을 키우는 운동이 체력을 만들지만 체력이 생기기까지는 몸이 무척 힘든 상태거든요. 그래서 저는 미리 체력을 키워주고, 공부를 본격적으로 해야 하는 시기에는 틈틈이 체력을 관리해주는 운동을 하라고 알려드립니다.

공부도 운동도 때가 있어요. 특히, 폭발적으로 성장하는 시기에는 올바른 운동 습관을 통해 체력을 관리하면 집중적으로 공부해야 하는 시기에 자신의 기량을 충분히 발휘할 수 있어요. 우선 몸이 힘들면 집중력이 흩어지고 아무것도 하기 싫어지잖아요. 지금부터라도 기초 체력에 신경 써주세요.

공부를 잘하려면 기초 학습이 중요하듯이 체력을 키우기 위해서는 기초 근력이 바탕이 되어야 합니다. 아이들의 기초 근력을 키워주는 가장 좋은 운동은 '하체 근육' 운동입니다.

하체는 심장과 멀기 때문에 하체 운동을 하면 심장에서 혈액 공급이 원활해지면서 온몸에 혈액이 돕니다. 뇌에 산소와 혈액이 공급되어서 성장기 아이들의 뇌 발달에도 도움을 줍니다. 하체 근력 운동은 힘이 드는 만큼 효과가 나타나기 때문에 평소에 운동을 못한다면 많이 걷거나 달리면서 운동량을 채워주는 것도 좋습니다. 다만 운동을 통해 집중 관리하면 근력이 더욱 빠르게 단련되므로 몸이 약한 아이라면 시간을 들여 하체 운동을 시키길 추천드립니다.

공부 체력을 키우는 운동

• 서서 무릎 들어 올리기(니업)

❶ 양다리를 벌리고 팔을 들어 올립니다.

❷ 양 팔꿈치를 내리며 한쪽 다리를 복부 위로 올립니다.

❸ 다시 ①번과 같은 자세를 취합니다.

❹ 양 팔꿈치를 내리며 반대편 다리를 위로 올립니다.

• 스케이트 타기 자세(사이드스쿼트)

❶ 양다리를 벌리고 팔을 들어 올립니다.

❷ 양 팔꿈치를 내리며 한쪽 다리를 복부 위로 올립니다.

❶ 가볍게 깍지를 끼고 스쿼트 자세에서 체중을 옮겨 다리를 구부립니다.

❷ 좌우를 번갈아 다리를 뻗어주며 버티기를 반복합니다.

사이드스쿼트는 스케이트 타는 자세와 같은데, 강한 하체 근육을 만들기 좋은 운동입니다. 저는 아이들에게 걷기를 많이 강조합니다. 특히 실외에서 걸으라고 하죠. 런닝머신에서 걷는 것과 달리 다양한 경험을 할 수 있습니다. 날씨 변화, 온도, 습도가 피부로 느껴지고 온몸의 자극세포가 반응을 일으킵니다. 이러한 자극은 성장을 촉진하고 감각을 일깨워줍니다. 바쁜 학원시간에 쫓겨서 아이들이 걷지 못한다면 스쿼트를 알려주세요. 하체 근력을 만들고 체력을 키우기에 너무 좋은 운동이랍니다.

앉는 다리의 자세를 낮출수록 근육이 수축되는 효과가 더 커지고 힘이 더 듭니다. 처음에는 살짝 앉으면서 몸을 적응시키고, 이후에 동작이 숙달되면 조금 더 깊숙이 앉았다 일어나면서 근육의 수축과 이완을 크게 경험하면 운동 효과가 더 좋습니다.

• 앉아 일어서 발차기(런지 프런트킥)

❶ 앞다리는 구부리고 뒷다리는 편 런지 자세를 취합니다.

❷ 뒷다리에 힘을 주어 앞으로 뻗어 올린 뒤 다시 제자리에 발을 둡니다.

※ 반대편도 동일한 동작을 수행합니다.

• 앉아 일어서며 옆들어 올리기

① 손에 깍지를 끼고 스쿼트 자세를 취합니다.   ② 앉았다 일어서면서 한쪽 다리를 옆으로 들어 올립니다.

③ 다시 스쿼트 자세를 취합니다.   ④ 앉았다 일어서면서 반대쪽 다리를 들어 올립니다.

• • • • • • • • • • • •
☑전문가의 TIP!

다리를 들어 올릴 때 처음부터 무리해서 높이 올릴 필요는 없습니다.
적당히 자극이 되는 정도까지 올리면서 자세를 익힙니다.

• 팔다리 교차 박수 치기

① 팔을 어깨 높이로 들어 올립니다.

② 한쪽 다리를 높이 뻗어 차면서 다리 아래로 손뼉을 칩니다.

③ 다시 처음 동작을 취합니다.

④ 반대편 다리를 뻗어 차면서 다리 아래로 손뼉을 칩니다.

※ 동일한 동작을 좌우 반복하여 수행합니다.

아이들마다 유연성이 다르기 때문에 자세가 엉성하거나 어려울 수 있는데, 높이를 조절하여 안정적으로 자세를 취할 수 있도록 도와주세요. 무조건 높이 들어 올리는 것이 아니라 제대로 자극을 주면서 들어 올리는 것이 중요합니다.

하체 근력은 성장기 아이들의 척추를 바르게 세워줍니다. 장시간 공부를 하게 되면 아무리 바른 자세를 유지하려고 해도 힘듭니다. 필기를 하면서 자연스레 손을 쓰는 쪽으로 몸을 기울이게 되는데요. 이러한 자세를 유지하면서 장시간 공부를 하면 목과 허리에 부담을 주고 통증을 호소하게 됩니다. 바른 자세를 유지하기 위해서는 틀어지는 몸을 잡아주는 근력이 필요합니다.

근육통은 운동으로 풀어주세요!

근력운동을 하면 가장 많이 듣는 말이 "너무 힘들어요"입니다. 실제로 몸에 바로 자극이 오기 때문에 무척 피로합니다. 그래서 근력 운동을 하고 나면 아이들이 힘들어하고 다음 날 피로감과 근육통을 호소하는데요. 근력운동 후에 이런 전화를 많이 받습니다.

"어제 운동이 너무 힘들었나 봐요. 오늘 하루 쉴게요."

아이가 힘들다고 온몸이 쑤시다고 말하는데 부모님 입장에서는 당연히 휴식이 필요하다고 생각할 수 있습니다. 고강도 운동 후에 근육통을 호소하거나 아이가 상해를 입어 움직이기 힘들다면 휴식을 하는 게 맞아요. 하지만 아이들 근력운동의 대부분은 고강도 근력운동이 아니라 중저강도의 근력 훈련일 거예요.

하체 운동을 평소보다 많이 했거나 잘 쓰지 않는 근육을 쓰면 근육통이 생깁니다. 이렇게 근력운동을 한 후에 현미경으로 근육을 관찰하면 미세하게 근육에 상처가 생기는 것을 볼 수 있는데요. 이걸 쉽게 근육이 찢어졌다고 표현하기도 합니다. 심한 상처가 아니라 근육이 운동을 통해 미세하게 찢어지면서 자극을 받는 겁니다. 이 상태에서 가만두고 1주에서 2주 정도 쉬면 근육통이 사라지지만 근육은 생성되지 않습니다. 그럼 어떻게 하는 게 좋을까요? 아이에게 어제와 똑같은 운동을 한 번 더 시켜주면 근육에 통증이 오히려 감소하고 근력이 생기는 것을 확인할 수 있습니다.

다른 아이에 비해 체중이 무거운 아이

체중이 많이 나가는 아이는 한쪽 다리에 무게를 두는 운동은 가급적 많이 하지 않는 게 좋습니다. 한쪽 다리에 무게 중심을 많이 주게 되면 관절에 무리가 될 수 있습니다.

대부분의 아이들은 재미있으면 힘든 줄도, 아픈 줄도 모릅니다. 어른들이 이 부분을 조절해주어야 합니다. 아이스크림을 맛있게 먹는 모습이 보기 좋다고 그냥 놔두면 어떻게 될까요? 배탈이 날 거예요. 운동도 땀 흘리며 열심히 하는 모습을 보면 얼마나 예쁜지 모릅니다. 하지만 몸에 무리가 되지 않도록 체중이 많이 나가는 아이의 경우는 횟수와 양을 조절하여 근력이 생긴 후 관절에 무리가 가지 않는 범위에서 운동을 시켜야 합니다.

BMI(체질량 지수) 계산법

BMI(Body Mass Index)는 자신의 체중을 신장의 제곱으로 나눈 수치입니다. 예를 들어 150cm에 45kg이라면, BMI = (체중)÷(신장)^2= 45÷(1.5)^2=20입니다. BMI에 따라 비만도를 다음과 같이 분류할 수 있습니다.

~18 이하	저체중
18.5~22	정상
23~25	과체중
26~29	비만
30 이상	고도비만

스트레스를 해소하는 운동

최근 봤던 영상에서 한 교수님이 물컵을 들고 서서 학생들에게 물었습니다.
"이 컵 안에 물은 몇 ml 정도 될까요?"
학생들은 저마다 자신의 생각을 말하자 교수님은 사실 컵의 무게는 상관없다고 합니다. 다만 컵을 얼마나 오래 들고 있는지가 중요하다고 하죠. 컵을 들고 1분은 견딜 수 있습니다. 10분 정도가 되면 팔이 저려오고 무겁습니다. 그리고 1시간 정도가 되면 견디기 힘든 고통이 됩니다.
이 영상에서 물은 우리의 스트레스를 의미합니다. 참 인상적이었던 것은 가만 둔다고 해서 스트레스가 사라지지 않는다는 것이었습니다.
사람마다 스트레스를 받아들이는 자세도, 이겨내는 방법도 다릅니다. 저는 건강하고 안전한 운동을 통한 스트레스 해소법을 제안하고 싶습니다.
'퐁퐁'이라고 기억하시나요? 요즘은 방방이, 트램펄린이라고 합니다. 폴짝폴짝 그냥 뛰는 건데 기분이 그렇게 좋을 수가 없습니다. 한국발육발달학회 연구에 따르면 공중에 뜨는 짧은 순간에 신체가 일시적으로 무중력상태가 되는데, 이때의 경험이 스트레스 해소에 도움을 준다고 합니다. 또 너무 심하고 격렬한 운동보다는 팔다리를 자유롭게 움직이며, 쭉 뻗는 운동을 통해서 스트레스를 날릴 수 있습니다.
'운동이 정말 스트레스 해소에 도움이 될까' 많이 궁금해 하시는데요. 한 연구에 의하면 규칙적으로 운동을 한 쥐와 운동을 하지 않은 쥐를 비교한 연구가 있습니다. 운동을 한 쥐는 스트레스를 유발시키는 뇌 단백질인 사이토카인의 양이 감소하고 질병에 맞서 싸우는 데 필요한 단백질이 증가합니다. 실제로 운동을 하게 되면 사람의 뇌에서 특정 단백질의 기능이 향상되며, 규칙적인 운동은 세로토닌의 양이 늘어나 스트레스, 불안 우울증 예방에 효과를 줍니다. 운동은 형태와 종류에 상관없이 스트레스 해소에 도움이 된다고 알려져 있지만, 그렇다고 운동을 너무 과하게 하거나 너무 늦은 시간의 운동은 좋지 않습니다. 잠들기 2~3시간 전에는 끝내도록 하며 본인이 즐거워하고 견딜 수 있을 만큼 하는 것이 중요합니다.

• 헤엄치기 자세

❶
바닥에 엎드려 가슴과 양팔, 양다리를 들어 올립니다.

❷
오른발-왼손을 왼발-오른손으로 번갈아 교차하며 들어줍니다.

어린아이의 경우 속도와 횟수에 집중하면 자세가 흐트러집니다. 운동 효과가 떨어질 뿐 아니라 몸에 무리가 가거나 다칠 수 있습니다. 처음에는 천천히 바른 자세를 익히는 데 초점을 맞추도록 합니다.

손끝과 발끝을 최대한 높이 올리고 버티도록 하체 근력과 코어 강화에 집중합니다. 옆에서 횟수를 세거나 허리를 지그시 눌러주며 근육의 자극을 느끼게 해주면 운동 효과도 높아지고, 교감을 통해 정서지능도 높아집니다.

• 누워서 무릎 들어 올리기

①
손바닥을 바닥에 붙이고 두발
을 모으고 바르게 눕습니다.

②
하체 힘으로 다리를 들어 올립
니다.

③
바닥과 수직이 될 때까지 다리
를 들어 올립니다.

④
복부에 힘을 주고 다리를 천천
히 내립니다.

※ 다리를 내릴 때 발이 바닥에 세게 부딪히지 않도록 주의합니다.

• 다리 들어 박수 치기

① 천장을 바라보고 반듯하게 눕습니다.

② 한쪽 다리를 들어 올리면서 박수를 칩니다.

다리 들어 박수치기를 할 때 다리를 최대한 쭉 펴고 가슴으로 다리를 당겨 껴
안 듯이 박수를 쳐야 합니다. 리듬감 있고 역동적으로 움직여주면 몸도 금방
뜨거워지고 송글송글 땀도 맺히는데요. 몸에 힘을 쭉 빼고 한 개라도 정확한
동작으로 움직이도록 해주세요.

• 누워서 발교차 들어 올리기

❶ 누운 상태에서 손으로 머리 뒤를 받쳐줍니다.

❷ 무릎을 몸통 앞으로 끌어당기며, 상체를 들어 반대 팔꿈치와 맞닿게
합니다.

. . . .
☑전문가의 TIP!

다리와 상체를 들어 올릴 때 너무 빠르게 동작을 취하지 않도록 합니다.
복부에 자극을 느끼면서 천천히 들어 올립니다.

• 개구리 스트레칭

① 다리를 벌리고 서서 팔을 들어 손바닥을 머리 뒤에 댑니다.

② 무릎을 팔꿈치에 맞닿게 들어 올립니다.

③ 같은 방법으로 양쪽을 번갈아 수행합니다.

• 버피체조

① 두발을 모으고 차렷 자세로 섭니다.

② 바닥에 손을 짚고 상체를 숙입니다.

③ 팔에 힘을 주어 버티면서 다리를 뒤로 뻗습니다.

④ 다시 다리를 가슴으로 당긴 뒤 일어섭니다. (차렷 자세)

STEP 3

멘탈 관리 운동법

운동 영상

"아이가 너무 산만해요. 학교 수업시간에 가만히 앉아 있는 게 너무 어렵대요."

집중력이 부족한 아이 때문에 고민하는 부모님이 종종 있습니다. 유치원이나 어린이집 생활의 대부분은 입식이 아닌 좌식 생활을 합니다. 그러다 보니 아이에게 학교 의자가 불편하게 느껴질 수도 있습니다. 아직 자기 몸과 마음을 조절하는 능력이 조금 부족해서 생길 수 있는 어려움입니다.

자기조절력과 집중력을 키우기 위해서는 먼저 내 몸을 다스리는 힘을 길러주면 좋습니다. 이를 위한 운동은 대부분 정적이고 버텨야 하는 동작이 많은데요. 제대로 동작을 수행하려면 마음을 다스릴 줄 알아야 하기 때문에 자연스럽게 몸과 마음을 함께 조절하는 능력을 키울 수 있습니다.

단순한 자세라도 눈을 감고 하거나 멈춰서 버티면 균형을 잡기 위해 아이는 집중력을 발휘합니다. 특히 산만한 아이에게는 짧은 시간 정확한 동작을 반복적으로 연습하도록 합니다. 행동을 제한하여 산만한 행동을 조절하고 자제시킬 수 있습니다. 눈을 뜨는 것보다 눈을 감고 자신의 감각과 근육을 한곳에 집중하여 버티는 훈련을 합니다.

집중적으로 이 운동을 시키면 아이가 학교에 빨리 적응하고 자기조절력도 키우겠거니 기대하는 부모님도 있을 텐데요. 지나친 운동은 늘 위험할 수 있습니다. 급하게 아이를 다그치며 변화를 재촉하기보다는 차근차근 조금씩 시간을 늘려가면서 상태를 확인하는 게 좋아요.

처음에는 짧게 방법을 알려주고 아이가 익숙해졌다고 생각이 들면 운동의 종류와 지속 시간을 늘려보세요. 똑같은 동작을 반복하는 게 지루할 수 있으니, 운동 영상을 활용해보는 것도 좋습니다. 화면 속 친구와 대결한다고 상상하면 아이에게 자극과 동기 부여가 될 거예요. 처음에는 친구를 한 번만 이겨보기, 다음에는 두 번 세 번 반복하여 영상을 보며 횟수와 시간을 늘립니다. 스스로 버티고 조절하는 모습을 보이면 시간에 관계없이 아이의 행동을 칭찬해주세요.

집중력을 키우는 운동

• 눈 감고 제자리 걷기

❶ 눈을 감은 상태에서 한 발씩 무릎을 들어   ❷ 좌우 번갈아가며 반복 수행합니다.
올리고 내리며 제자리 걷기를 합니다.

'눈 감고 제자리 걷기'는 집중력 향상을 위한 운동일 뿐 아니라 간단히 골반의
틀어짐과 자신의 체형을 확인할 수 있는 검사이기도 합니다. 아이들에게 눈을
감고 걷기 시작한 지점을 기억하도록 합니다. 제자리 걷기 후 눈을 뜨고 자리
를 보면 대부분 한쪽으로 치우쳐 이동한 것을 볼 수 있습니다. 이는 한쪽으로
만 치우쳐 생활하는 습관 때문입니다. 곧 아이 몸이 어느 쪽으로 틀어졌는지
알려주는 지표입니다.
30걸음 정도만 눈을 감고 걸어보면 알 수 있습니다. 집중력 향상에도 도움이
되지만, 몸의 틀어진 부분을 확인하고 스트레칭을 통해서 교정을 하다 보면 체
형도 바꿀 수 있습니다.

• 눈 감고 나무서기 자세

❶ 한쪽 다리를 들어 무릎 옆에 붙이고 중심을 잡습니다.

❷ 호흡에 집중하며 기지개 펴듯 손을 합장하여 머리 위로 올리고 버팁니다.

※ 호흡을 유지하며 30초 동안 버틴 뒤 다리를 바꾸어 동작을 반복합니다.

몸의 균형 감각을 높여주고 근력을 강화하는 운동입니다. 특히 눈을 감고 진행함으로써 아이가 자신의 몸에 집중할 수 있는 시간을 갖게 합니다.

단순한 자세도 눈을 감으면 집중력이 발휘됩니다. 더욱이 호흡 하나하나를 신경 쓰면서 집중하다 보면 힘이 들죠. 동작이 익숙하지 않을 때는 손바닥을 맞댄 채 손을 가슴 앞에 위치하도록 하고, 자세가 익숙해지면 손을 모으고 팔을 쭉 펴서 머리 위로 올려주도록 합니다.

중심 잡기가 너무 힘들다면 발의 위치를 바꾸어봅니다. 무릎이 아니라 발목 쪽으로 내려서 버티는 연습을 합니다. 마찬가지로 익숙해지면 무릎관절 옆에 발바닥을 고정하고 버팁니다.

• 눈 감고 선 활자세

❶ 바르게 서서 두 팔을 앞으로 뻗습니다. ❷ 한쪽 팔로 다리를 뒤쪽으로 들어 올리고 나머지 한 팔은 앞으로 쭉 뻗습니다.

※ 앞으로 뻗은 팔의 손끝은 정면을, 들어 올린 다리의 발끝은 천장을 향하게 하고 버팁니다.

코어 근육을 강화시키며 집중력을 키우기 좋은 자세입니다. 서 있는 다리는 곧게 펴고, 발뒤꿈치는 바닥에 붙여 중심을 잡도록 합니다. 이때 골반이 틀어지지 않도록 주의해야 합니다. 체형 교정, 근력을 키우는 데 도움을 줍니다.

집중력을 키우는 또 다른 운동, 걷기 운동
걷기와 걷기 운동은 다릅니다. 운동 목적으로 걷는다면 몸에 힘을 주어 척추를 세우고 손과 발을 평소 걸음보다 1.5배 정도 빠르게 움직이는 게 중요합니다. 실외에서 걷기 운동을 하면 산소량이 높아지면서 세포와 신경세포를 발달시켜 기억력과 집중력을 키우는 데 좋습니다.

뇌발달을 촉진시키는 운동

두뇌가 폭발적으로 성장하는 시기는 영아기지만 두뇌가 안정화가 되어 본격적으로 외부에서 받은 학습을 처리하고 기억력, 집중력, 자기조절력을 키우는 것은 10세 전후라고 할 수 있습니다. 그래서 초등학생 아이들에게 뇌발달을 촉진하는 운동을 시키는 것은 중요합니다. 다른 시기보다 이때 해야 효과도 좋습니다.

운동을 통해 두뇌가 발달한다는 사실은 많은 연구를 통해 밝혀졌지만 관심을 갖는 사람은 많지 않은 것 같습니다. 인정하지 않는 분위기라고 해야 할까요? 운동을 전문적으로 하는 운동선수들은 모두 머리가 정말 좋아야 하는데 가만 생각해보면 모두 그런 것 같지는 않거든요.

물론 여기에는 여러 가지 이유가 있습니다. 발달한 두뇌로 공부를 해서 성적을 올릴 수 있는 여건이 되지도 않았고, 사회적인 분위기도 운동만 잘해서 엘리트 선수가 되면 상관없다는 식이었죠. 그래서 운동선수를 꿈꾸는 학생들은 수업 참여는 거의 하지 않고 연습과 훈련, 대회 참여에만 집중했습니다. 운동이 공부에 도움이 되지 않는다는 선입견이 여기에서 만들어진 것이 아닌가 생각합니다.

그런데 잘 생각해보면 정말 훌륭한 운동선수들은 확실히 남다른 두뇌를 가졌습니다. 소위 두뇌 플레이어라는 선수들은 생각지도 못한 순발력, 영리한 경기 진행력 등으로 감탄을 자아냅니다.

눈 운동으로 경직된 두뇌를 활성화시켜요

이번에는 두뇌를 자극하고 활성화시키는 운동을 배우려고 합니다. 두뇌가 활성화되면 학습능력도 향상되고, 아이의 자기조절능력도 키울 수 있습니다. 뇌는 인지적인 능력뿐 아니라 감정 처리와 자기조절력을 키우는 데 무척 중요한 작용을 하기 때문이에요.

그럼 어떻게 아이의 두뇌를 활성화시킬 수 있을까요? 눈 운동, 손 운동 그리고 척추를 자극하는 운동을 통해 가능해요. 아래 운동법을 자세하게 살펴보고 아이와 함께 실천해보세요.

눈 운동이라는 말에 의아할 수 있는데요. 눈이 피로하면 집중력이 떨어집니다. 특히 성장기 아이들은 시력이 생각보다 많이 낮습니다. 어렸을 때부터 아날로그보다는 디지털 사회, 문화를 경험하고 있어 미디어에 노출이 많이 되는 만큼 눈 건강이 나쁜 아이들이 많습니다.

두뇌를 활성화시키는 눈 운동

• 눈을 따뜻하게 데워주기

❶ 어깨를 최대한 펴고 바른 자세로 앉아 손 바닥을 30~50회 정도 비벼줍니다.

❷ 열을 낸 손바닥을 눈 위에 얹고 30초 동안 자세를 유지합니다.

손바닥에 충분히 열이 올랐을 때 눈 위에 얹도록 합니다. 눈을 따뜻하게 하고 눈이 쉴 수 있도록 해주는 동작입니다. 두뇌를 활성화시키기 위해서는 시각적인 자극이 매우 중요합니다. 책과 핸드폰, 디지털기기 때문에 눈이 상하지 않도록 틈틈이 해주면 좋습니다.

특히 쉬는 시간에는 스마트폰 대신 눈 운동을 하도록 해주세요. 쉬는 시간에 스마트폰을 사용하면 다른 방식으로 쉬는 것에 비해 두뇌 재충전 효과가 떨어진다고 합니다. '쉬는 시간 정도는 만져도 돼'라고 생각할 수 있는데 공부를 하는 도중에 스마트폰 사용은 자제해야 합니다.

• 눈 주변 마사지하기

❶ 손가락을 이용하여 눈썹과 미간의 양옆을 눌러줍니다.

❷ 이때 너무 세게 누르지 말고 혈액 순환이 되도록 자극만 줍니다.

☑ 전문가의 TIP!

마사지는 혈액 순환을 촉진시킵니다. 눈 주변을 자극함으로써 혈액 순환이 원활해지면서 눈이 맑아지고 개운해집니다.

두뇌를 활성화시키는 손 운동

• 주먹 쥐었다 펴기

❶ 주먹을 쥐었다 폈다 반복합니다.

❷ 손가락을 하나씩 꼽면서 주먹을 쥐었다 펴도 괜찮습니다.

일상에서 가장 많이 사용하는 신체 부위 중 하나가 손인데요. 알려진 것처럼 손은 두뇌와 긴밀하게 연결되어 있습니다. 따라서 손을 활용한 운동은 두뇌 발달에 가장 좋은 소근육 운동이라고 할 수 있습니다. 다른 운동에 비해서 단순하다 보니 운동처럼 느껴지지 않을 수 있지만 아이들에게는 꼭 필요한 운동 중하나입니다. 특히 필기를 많이 하는 학생들은 손을 한쪽으로만 사용하다 보니 손이 많이 굳어 있는데 여러 방향으로 손을 움직여서 풀어주면 좋습니다.

두뇌를 활성화시키는 스트레칭

• 오뚜기 자세

❶ 양 무릎을 세우고 깍지를 껴서 무릎을 고정합니다.

❷ 몸을 웅크린 상태에서 오뚜기처럼 뒤로 누웠다 일어섭니다.

오뚜기 자세는 단순하지만 중추신경의 중심인 척추를 자극시켜주는 스트레칭입니다. 척추 속에 있는 뇌척수액의 흐름이 원활해져서 두뇌 활성화에 효과적입니다.
뒤로 누울 때 다리 반동을 너무 크게 주면 경추에 무리가 갈 수 있습니다. 또 급하게 자세를 취하다 머리가 바닥에 부딪치는 경우가 생기기도 합니다. 최대한 다리 반동 없이 천천히 동작을 수행하도록 합니다. 스트레칭은 몸에 자극을 느끼면서 자세를 올바르게 유지하는 것이 중요합니다.

척추 자극이 두뇌 발달에 좋은 이유

척추 속에는 뇌척수액 때문인데요. 뇌척수액은 우리의 몸에서 머리부터 허리까지 척추 신경이 지나가는 곳에 흐릅니다. 이때 외부에서 오는 충격에서 뇌를 보호하고 에너지 대사활동으로 뇌와 신경 통로에 생긴 노폐물을 제거하지요. 단순한 자세라도 꾸준히 반복하면 틀어진 척추를 바로잡고 뇌척수액의 흐름을 원활하게 해줍니다.

• 발끝 운동

❶ 다리를 펴고 앉아 힘을 주어 발끝을 앞으로 뻗습니다.

❷ 발끝을 몸쪽으로 쭉 잡아당기고 힘을 주어 버팁니다.

자기 관리 운동법

운동 영상

"머리 아파요. 소화가 안 돼요."

한 자세로 오래 앉아 공부하는 학생들은 종종 두통과 소화불량으로 불편함을 호소합니다. 병원에 가도 별다른 진단이 안 나오고, 아이가 평소에는 잘 지내는 것 같은데 가끔씩 너무 아파하면 부모 입장에서 참 난감하지요.

이러한 상황은 잘못된 자세에서 비롯되는 경우가 많습니다. 나쁜 습관이 문제인데요. 앉아 있을 때 자세를 바르게 하지 않고 구부정하게 유지하다 보면 몸이 틀어집니다.

눕거나 엎드려서 스마트폰, 태블릿 같은 스마트 기기를 장시간 사용하고, 공부할 때 고개를 지나치게 숙이는 등 불균형한 자세로 인해 척추가 틀어지고 목에 통증이 생깁니다. 뼈가 틀어지면 목이나 허리에도 부담이 생기고, 두통이나 소화불량을 유발합니다.

목근육을 잘 풀어주고 척추를 잘 펴주기만 해도 아이들이 느끼는 두통, 소화불량 증상이 많이 감소합니다. 이러한 통증은 내과 진단에서는 파악하기 어렵기 때문에 꾀병이나 심리적인 요인으로 넘겨짚기가 쉽습니다. 하지만 아픈 데에는 다 이유가 있기 마련입니다. 설령 꾀병이라고 할지라도 '아이가 왜 아프다고 할까' 생각해볼 필요가 있습니다. 아이가 그렇게 행동하는 이면에 부모의 생각보다 심각한 이유가 있을 수도 있으니까요.

아이 말에 지나치게 휘둘리는 것도 바람직하지 않지만 중심을 잡고 일단 아이 이야기에 귀를 기울여주세요. 그리고 건강하고 좋은 습관이 들도록 꾸준히 관리해주세요.

아이가 꾀병을 부린다고 생각한다면,

첫째, 깊이 대화를 나누고 진료를 통해 원인을 파악해보세요.

둘째, 평소 아이의 생활 습관과 자세를 살펴보세요.

셋째, 아픈 이유가 심리적인 요인이라고 하더라도 무조건 아이의 말에 휘둘리지 말고, 차분히 들어주세요.

넷째, 좋은 자세와 습관이 몸에 배도록 꾸준히 지도해주세요.

올바른 자세를 만드는 성장 체조

• 누워서 기지개 펴기

온몸 전체를 길게 늘려준다는 생각으로 쭈욱 뻗어줍니다. 이 자세는 아침에 일어나자마자 이부자리에서 습관처럼 수행하는 것도 좋습니다. 굳은 몸을 깨워주며 눌려 있던 척추를 펴주면 개운한 것은 물론 키 성장에도 도움이 됩니다.

• 엉덩이 들어 올리기(브리지 자세)

❶ 천장을 보고 누워 두 다리를 모으고 무릎을 세웁니다.

❷ 손바닥이 바닥에 닿은 상태에서 척추와 골반 허벅지를 들어 올리며 3초간 버틴 뒤 다시 내려옵니다.

• 누워서 팔다리 교차 스트레칭

① 반듯하게 천장을 보고 누워 양팔을 옆으로 뻗습니다.

② 한쪽 다리를 천장을 향해서 들어 올립니다.

③ 누운 자세를 유지하며 다리만 교차하여 스트레칭을 해줍니다. 이때 숨을 들이마신 후 내쉬면서 발을 교차합니다.

• 엎드려 몸 늘리기

무릎을 꿇고 앉아 상체를 숙입니다.
숨을 내쉬면서 양팔을 앞으로 뻗고, 손끝을 앞으로 쭉 밀면서 몸을 늘립니다.

• 가슴 들어 스트레칭

① 엎드린 자세에서 허리 앞에 손을 두고 가슴을 들어 올립니다.

② 들어 올린 자세에서 목을 뒤로 젖혀 천장을 보듯 가슴을 들어 스트레칭
합니다.

굽은 등과 어깨를 펴고 스트레칭을 합니다. 유연성이 없는 아이들은 과도하게
스트레칭을 하기보다는 동작을 반복적으로 정확하게 수행하며 가슴을 펴는
데 집중하도록 합니다.

• 활대모양 자세

❶ 엎드린 자세에서 두 팔로 양다리를 잡아   ❷ 자세가 유지가 되는 경우는 팔로 잡지 않고
    줍니다. 균형을 유지하도록 합니다.   몸을 뒤로 젖혀서 발이 머리에 닿도록 동작
                                                      을 합니다.

오뚜기 자세와 반대로 활대 모양의 자세라고 하여 활대 자세라고 부릅니다. 오
뚜기 자세가 척추를 풀어주고 척수액이 원활하게 돌도록 한다면, 이 동작은 반
대 방향으로 척추를 자극해줍니다. 잘 체하고 소화기능이 약해진 아이들의 장
연동운동을 돕고, 굳은 어깨와 허리를 시원하게 펴줍니다.

• 뒤로 악수하기

❶ 왼손을 위에서 뒤로 넘기고, 오른손은 아   ❷ 처음에는 손끝끼리 닿도록 해주고, 다음에
    래에서 위로 올려 마주 잡습니다.   는 악수, 다음에는 손을 깍지 낄 수 있도록
                                                      합니다.

자투리 시간을 활용한 틈새 운동

"운동할 시간이 너무 없어요. 그런데 체력이 너무 부족해서 힘들어요."
이런 이야기를 들으면 안타깝습니다. 건강을 잃고 나서야 그 소중함을 깨닫듯
이 정말 필요한 때에 체력이 부족해서 고생하는 아이들이 많습니다. 학교에서
학원으로, 학원에서 다시 학원으로 바쁜 걸음을 하는 사이 한창 건강해야 할
아이들의 몸이 서서히 무너집니다. 아이들의 배움과 경험의 기회를 갖는 것만
큼이나 바르고 건강하게 자라는 것도 중요합니다.
아이가 어떤 몸 상태이고, 어떤 기질을 가지고 있느냐에 따라 아이의 운동법,
공부법은 달라야 합니다. 다른 아이들에게 좋다고 해서 우리 아이에게도 꼭 좋
은 것은 아닙니다. '우리 아이에게 맞는 것이 좋은 것'이죠. 그래야 아이도 부모
도 행복하고 건강할 수 있습니다.
이미 아이가 학업에 집중해야 하는 나이이고, 운동을 일찍부터 시키지 못했거
나 운동을 중간에 그만두었다고 해서 포기하지 마세요. 아직 아이는 한창 성장
하는 시기이니 방법을 찾으면 됩니다. 자투리 시간을 활용하면 부족한 운동량
을 일정 부분 채울 수 있습니다.

자투리 시간을 활용해 운동을 해보자

학교에서 학원으로 이동하다 보면 버스를 기다리거나 하면서 남는 시간이 있
습니다. 운동 시간이 부족한 아이는 이 시간을 활용해 틈새 운동을 하면 좋습
니다. 주위 시선에 민감한 아이가 있을 수 있는 만큼 부담스럽지 않은 운동으
로 구성했습니다. 간단한 동작으로 지치고 뭉친 근육을 풀어주고 스트레스도
해소할 수 있습니다.
운동을 제대로 배우는 것은 무척 중요합니다. 그보다 더 중요한 것은 꾸준히
하며 몸 쓰는 것을 즐겁게 생각하는 태도입니다. 시간이 없어 바쁘다는 것은
핑계이기도 해요. 우리가 휴대폰에 사용하는 시간을 조금만 할애해도 충분히
틈새 운동을 해볼 수 있으니까요. 아이와 함께 직접 운동을 하며 습관을 들일
수 있도록 지도해주세요.

벽에 기대어 하는 운동

• 다리 스트레칭

❶ 아무것도 없는 평평한 벽에 붙어 섭니다. 발뒤꿈치가 뜨지 않게 잘 붙이고 다리를 어깨 넓이 두 배 정도로 벌립니다.

❷ 앞으로 숙여 땅을 터치하고 다시 일어납니다. 최대한 무릎을 굽히지 않고 몸을 숙이도록 하며 연습이 많이 되면 다리 폭을 좁히면서 스트레칭 강도를 높입니다.

개인별로 차이가 있긴 하지만 사춘기를 지나면서 남자아이와 여자아이의 신체적인 특징이 뚜렷하게 나타납니다. 그에 맞추어 운동을 해야 부담이 덜하고 효과도 높일 수가 있습니다.

여학생의 경우는 남학생보다 몸에 지방이 많고, 운동이 부족하면 하체가 잘 붓고 혈액 순환이 잘 안 됩니다. 스트레칭을 통해 하체 부종을 줄이고 유연성과 허벅지 안쪽 근육을 강화합니다. 물론 남학생의 경우는 근육이 여학생보다 많고 몸이 단단한 편이라 뻣뻣하고 유연성이 적습니다. 운동을 많이 하더라도 유연성이 적으면 상해를 입을 수 있기 때문에 남학생들도 수시로 몸을 풀어주는 스트레칭이 필요합니다.

• 교차하여 벽에 손 맞대기

❶ 벽에서 한 걸음 정도 앞으로 나와서 반듯 ❷ 발바닥에 힘을 준 상태에서 상체만 비틀어
하게 섭니다.   벽에 손을 짚습니다.

❸ 다시 앞을 보고 바로 섭니다.   ❹ 반대편으로 상체를 비틀어 벽에 손을 짚습
니다.

☑ 전문가의 TIP!

최대한 어깨에 힘을 빼고 몸의 힘으로 회전하도록 합니다. 굳어 있는 허리와 몸
을 이완시키고 뭉친 근육을 시원하게 풀어주면서 근육을 강화하는 운동입니다.

• 벽 밀기

❶ 벽을 마주보고 선 후 런지 자세에서 두 팔   ❷ 양쪽을 번갈아 똑같이 수행합니다.
　로 벽을 쭉 밀어줍니다.

벽 밀기 동작은 몸이 뒤틀리면서 생기는 건강 문제를 해결하는 운동입니다. 밀기 동작이 종아리와 발목 건강에 도움이 되고 다리 간격을 넓게 해서 수행하면 고관절 스트레칭에도 좋습니다. 벽을 미는 과정에서 팔과 어깨의 힘도 기를 수 있습니다.

자세를 취할 때는 골반이 틀어지지 않도록 허리를 곧게 유지하면서 몸을 앞으로 밀어주는 것이 중요합니다. 오랫동안 잘못된 자세로 앉아 있어 허리가 아프다고 하는 아이들이 많은데, 이 동작을 통해서 장요근을 이완시켜 통증을 줄이고 주변 근육을 강화시킬 수 있습니다.

비교적 간단하면서도 전신 운동이 되는 동작인데요. 몸 전체를 고르게 사용하기 때문에 자세 교정에도 도움이 됩니다. 걷기나 달리기 이후에 피로 회복을 위한 스트레칭으로 활용해도 좋습니다. 벽만 있으면 할 수 있는 동작인 만큼 아이가 학교나 학원에서 틈틈이 할 수 있도록 지도해주세요.

의자에 앉아서 하는 운동

• 의자에 앉아 다리 들어 올리기

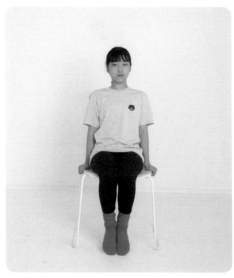

①

두 발을 모으고 척추를 곧게 펴고 바른 자세로 앉습니다.

②

모은 두발을 쭉 펴고 최대한 복부 위까지 올립니다. 두 발을 모아 위로 들어 올렸다가 5초 동안 버티고 내립니다.

• 팔 교차하여 무릎 터치하기

①
바른 자세로 앉아서 두 손을 머리 뒤
에 댑니다.

②
몸을 비틀면서 무릎을 반대편 팔꿈
치에 닿도록 들어 올립니다. 좌우 동
일하게 같은 방법으로 반복 수행합
니다.

학습 동기를 높여주는 마인드셋 운동법

공부 잘하는 아이는 자기 확신이 있습니다. 예를 들어 '나는 공부를 잘하고 싶어'라고 하는 것이 아니라 '내가 공부를 하면 잘할 수 있어'라고 합니다. 물론 입으로만 잘할 수 있다고 하는 아이들은 운동을 가르치면서도 많이 봅니다. 말로는 자신 있어 하지만 실제 운동 경기를 하다 보면 '내가 실수해서 지면 어떡하지?' 불안해하고, 경기가 조금 안 풀리면 '아, 역시 망했다.' 하면서 금세 실망하죠.

아주 오래전에 김연아 선수가 한 텔레비전 프로그램에 출연한 영상을 본 적이 있습니다. 김연아 선수가 국민 여동생으로 인기가 급상승하면서 주변의 기대를 한 몸에 받을 때였습니다. 사회자가 "긴장되지 않았느냐? 부담되지 않았느냐?"고 질문하자 김연아 선수는 자신이 잘할 수 있을 거라는 확신이 있었다고 대답했습니다.

주변의 상황이 아무리 자신에게 불리하거나 부담스럽고, 설령 장애가 있다 하더라도 자기 확신이 있는 아이는 '연습'과 '노력'을 통해 시험에 대한 스트레스나 긴장감, 부담감을 느낀다고 시험을 망치지 않습니다. 자기 확신은 아주 작은 변화나 시도로도 얻을 수 있습니다. 예를 들어 플랭크를 시작한다고 하면 기초 체력이 부족하거나 운동 신경이 없는 경우 아주 적은 시간부터 버티며 1초씩이라도 시간을 늘리는 겁니다. 매일매일 향상되는 자신을 발견하면서 자신감을 얻을 수 있고 운동에 재미를 붙이게 됩니다. 처음부터 크게 목표를 세워서 얼마 못 가 포기하는 것보다는 작은 도전으로 시작해 꾸준히 성취해나가는 것이 좋습니다.

마인드셋 플래너 활용하기

아이와 함께 한 달 동안 마인드셋 운동 플래너를 통해서 아이의 성장을 확인하고 칭찬해주세요. 자신의 노력으로 일군 그래프는 아이에게 '근거 있는' 자신감을 주고, 아이가 자기 확신을 갖는 데 훌륭한 도구가 될 것입니다.

운동을 할 때 중요한 것은 한계라고 생각한 순간에 '하나 더' 해내는 것인데요. 다음과 같은 방법으로 아이의 도전 욕구를 일깨워주세요.

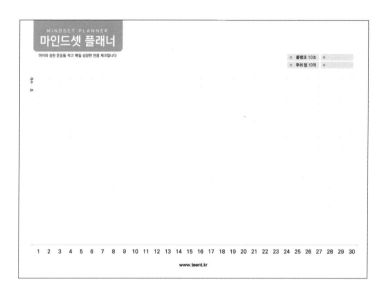

첫 번째는 아이와 함께 부모님도 운동에 동참하는 것입니다. 아이만 시키는 게 아니라 아이와 함께 운동 목표를 세우고 서로를 응원하며 운동을 하는 방법이 있어요. 무턱대고 높은 수준으로 목표를 잡기보다는 매일 하는 것에 중점을 두고 활동해주세요. 아이가 지나치게 승부욕이 많다면 부모님을 경쟁 상대로 생각하여 즐거워하기보다는 스트레스를 받아 할 수 있어요. 이 운동의 목적은 자기 확신을 갖고 운동을 통해 자존감을 높이는 데 있다는 것을 기억하세요.

지식을 가르치는 것이 아니라 마음의 근육을 키우는 시간인 만큼 부모님 욕심이나 기대보다는 아이의 마음에 초점을 맞춰 활동해주세요. 부모님과 함께하는 활동을 즐거워하는 아이라면 함께 운동하면서 우리 가족만의 재미있는 시간을 만들 수 있습니다.

두 번째는 기초적이고 작은 목표부터 시작하고, 수시로 칭찬해주는 것입니다. 이러한 방법은 특히 자존심이 세고 결과를 무척 중요하게 생각하는 아이에게 효과적입니다. 너무 높은 수준의 목표를 잡거나 너무 낮은 수준으로 목표를 잡으면 나중에 아이가 부담감으로 힘들어할 수 있습니다. 우선은 아이와 함께

할 운동을 선정하고 연습 삼아 아이의 수준을 테스트해보세요. 플랭크를 도전하겠다고 정했다면 아이가 최대 몇 초를 버티는지 체크하고 그 시간에서 반으로 나누어서 시작을 해보는 거예요. 그렇게 차츰 운동의 강도를 높이는게 중요합니다.

아이들이 운동을 할 때 마지막으로 하나 더 할 수 있는 힘은 어디서 나올까요? 줄넘기를 잘 못하는 소라가 체육관에서 줄넘기를 배우고 나서 10개를 했다고 연락드린 적이 있습니다. 부모님이 이런 말씀을 하셨어요. "정말요? 체육관 가면 아이가 운동을 더 잘하는 것 같아요. 어제도 시켜봤는데 잘 못하더라고요." 체육관에서 운동하는 영상을 보내드리거나 향상된 실력을 알려드리면 "집에서는 하나도 못 해요. 안 해요." 하고 놀라는 부모님이 많습니다. 아이가 보여주기 싫거나 자신이 없어서 그렇습니다.

아이의 운동 성과를 높이는 칭찬하기 시간

체육관에서는 잘 안 되는 친구, 처음 하는 친구 옆에는 제가 꼭 붙어서 개수를 세어주거나 시간을 재주곤 해요. 아이가 한 개 더 할 때 또는 조금 더 할 때 박수를 쳐주며 진심으로 축하해줍니다. '내 인생에서 정말 큰일 해냈다' 느낄 만큼 말이죠.

그리고 이 멋진 모습을 기록하고 싶다며 호들갑을 떨며 영상을 찍어주거나 사진으로 남기거나 친구들에게 말해주는 시간을 가져요. 아이는 자신이 그전까지 할 수 없던 일을 해냈고, 이 부분을 남들에게 인정받고 칭찬받으면서 없던 에너지도 생깁니다.

아이는 평소보다 한 개 더 했을 뿐이지만, 짧은 순간에 자신의 한계를 넘어선 것입니다. 당연히 진심을 다해 칭찬해주어야죠. 이런 경험이 쌓이면 아이는 더 어려운 과제에도 부딪혀보려는 용기와 힘이 생깁니다.

이러한 도전을 마인드셋 플래너에 작성하여 아이의 운동을 기록으로 남깁니다. 푸시업 개수나 플랭크 시간 등을 시각화하여 나타내면 일일 운동량을 체크할 수 있을 뿐 아니라 아이의 성장을 눈으로 확인할 수 있습니다.

• 엘보우 플랭크

❶ 주먹을 쥔 상태로 팔꿈치와 무릎이 바닥에 닿도록 엎드립니다.

❷ 몸에 힘을 주고 다리를 뒤로 쭉 뻗습니다(이때 복부와 엉덩이에 힘을 주
도록 합니다).

플랭크는 코어를 강화하는 데 좋은 운동입니다. 어린이들은 플랭크를 할 때 엉
덩이를 들어 올리는 경향이 있습니다. 엉덩이와 허리가 곧게 뻗도록 지도하고,
처음부터 오래 버티기보다는 매일 꾸준하게 바른 자세로 시간을 늘리는 데 집
중하면 좋습니다.

• 푸시업_초보자(무릎 대고)

❶ 무릎을 꿇은 상태에서 두 팔은 가슴 너비로 벌리고 손바닥으로 바닥을
짚습니다.

❷ 팔꿈치를 접으면서 상체를 내렸다 올렸다 반복합니다.

☑️전문가의 TIP!

무리하게 개수를 늘리기보다는 정확한 자세를 유지하는 것이 중요합니다. 허리
가 너무 굽거나 고개를 너무 숙이지 않도록 합니다.

• 푸시업_중상급자(무릎 떼고)

❶ 두 팔을 가슴 너비로 벌리고 두 다리를 뻗어 버틴 상태로 몸을 들어 올
립니다.

❷ 팔꿈치를 굽혀 몸이 아래로 내려갔다가 그대로 올라옵니다.

푸시업을 할 줄 모르고 팔과 어깨, 복부에 힘이 전혀 없어 버티기 힘든 아이들
은 이렇게 무릎을 대고 푸시업을 하면서 원리를 익히고 차근히 단계를 올리도
록 합니다.
어깨 근육과 코어를 강화시키는 운동이지만 무리하게 하는 것은 좋지 않습니
다. 무엇보다 푸시업은 자세가 중요합니다. 단계별로 차근차근 어깨 힘과 코어
힘을 길러주면서 푸시업을 지도합니다.

　언젠가 한 블로그에서 미국 체육 시간에 대한 수업 평가 내용을 본 적이 있습니다. 한국에서 중학교 과정을 마치고 미국으로 유학을 간 학생이 쓴 글이었는데요. 미국에서는 팀 스포츠와 체육 수업을 강조한다기에 긴장을 많이 했다고 합니다.

　이 학생은 한국에서도 체육 수업이 무척 즐거워 여러 가지 운동을 배웠지만 중학교부터 수행평가를 받으며 운동에 대한 흥미와 자신감이 떨어졌다고 했습니다. 중학교 2학년부터는 입시에 반영되는 수행평가를 진행하기 때문에 등급을 맞추기 위해서 운동을 재미있게 하는 것보다 잘하는 것이 중요했습니다. 부담이 될 수밖에 없었습니다.

　그런데 미국 체육 수업은 팀 스포츠 비중이 컸습니다. 학생은 아무것도 모르는 자신이 들어가서 팀에 피해가 될까 봐 걱정이 되었습니다. 평가 기준을 몰라서 '한국처럼 점수가 좋으면 좋은 평가를 받겠지' 하는 생각에 좋은 점수를 위해 열심히 연습했답니다. 하지만 연습한 만큼 실력이 는 것도 아니었고 점수도 썩 좋지 않았습니다. 진 게임이 많았고 팀에 도움이 되는 점수를 주지도 못했습니다. 학생은 성적이 안 좋을 거라고 내심 포기하고 있었죠. 그런데 3주 후 받은 체육평가 성적표는 놀라웠습니다. 점수가 놀랍게도 전부 A였다는 것입니다. 왜 이런 일이 생겼을까요?

미국 학교의 체육 점수는 학생의 능력에 대한 평가가 아닌 노력에 대한 평가였습니다. '처음보다 얼마나 나아졌는가? 처음보다 얼마나 더 연습을 했는가?'가 중요했습니다. 그래서 어이없는 실수나 팀에 방해가 되는 플레이에도 친구나 코치 모두 "좋은 시도였어(good try)"라는 말을 반복적으로 했다는 것입니다. 저는 이런 환경에 하루 속히 우리나라에도 만들어져야 한다고 생각합니다.

아이들의 체육 수업은 즐거워야 합니다. 남들보다 잘하는 것이 중요한 것이 아니라 과정이 즐거워야 하고 변화하려는 노력과 다양한 시도를 통해 경험을 쌓을 수 있는 기회가 주어져야 합니다.

아직도 운동을 싫어하고, 몸 쓰기 싫어하는 아이들을 보면 안타깝습니다. 연령이 높아질수록 운동을 배울 때 자신감 없이 쭈뼛거리는 모습을 볼 때가 있는데요. 체육 수업에서 개인 능력에 대한 평가를 받다 보니 마음에 주눅이 든 것입니다. '나는 남들보다 운동을 못해서 부끄러워' 하고 말입니다.

고학년인데 처음 운동을 시작하는 아이의 부모님들은 항상 이런 질문을 합니다. "우리 아이가 운동이 처음인데 괜찮을까요?" 특히 태권도처럼 운동한 기간에 따라 등급 차이가 있는 운동을 하는 경우 부모님은 걱정이 더 심합니다.

"친구들은 검은 띠인데 혼자 흰 띠라 부끄럽지 않을까요?"

"운동을 처음 해서 몸 움직임이 서툴러서 아이들이 놀리거나 기죽지 않을까요?"

그럼 저는 이렇게 묻습니다.

"아이가 운동선수를 꿈꾸나요?"

"그건 아니에요."

제 대답은 늘 같습니다.

"그럼 괜찮아요."

선입견 혹은 걱정 때문에 많은 부모님이 아이에게 운동을 시켜야 할 필요성을 느끼면서도 망설입니다. 학교 체육 시간에 아이가 움직임이 둔해 놀림을 받았거나 수행평가 점수가 좋지 않으면 더 그렇습니다.

하지만 체육관에서 아이들은 다릅니다. 서로에 대해 평가하지 않습니다. 얼마나 잘하는가보다는 얼마나 열심히 했는지, 얼마나 최선을 다하고 얼마나 늘었는지 옆 사람이 아닌 처음의 나와 지금의 나를 비교할 뿐이죠.

저는 운동하는 아이들을 앞으로 더 많이 만나고 싶습니다. 더 많은 아이들이 운동을 통해 인성과 사회성을 기르고 심신이 건강한 어른으로 자랐으면 좋겠습니다. 또 운동이 숙제처럼 어렵고 부담스럽던 아이들이 땀 흘려 운동하는 즐거움을 알아가길 바랍니다.